山西古建筑营造史

先秦卷

左国保·著——何莲荪·整理

山西出版传媒集团
山西科学技术出版社
·太原·

目 录

第一章 绪 论

第二章 形式——洞穴

第三章　史前建筑

第四章　夏、商时期建筑

第五章　周代建筑

第一章

绪论

第一节　人类的起源和穴居

一、人类进化的动因

人类的进化始于距今 240 万年前的第四纪冰川期。冰川期来临，气温逐渐下降，气候特征类似于现今华北地区，冬季温度低至 -25℃，在这种气候条件下，古猿为了抵抗寒冷，筑穴而居。

洞穴是人类最早的建筑形式。黄土厚度堆积的速率是每两万年 1 米，在人类即将临世之时，即距今 200 万年前后，亚洲西北侧已经堆积了厚厚的黄土。经过几十万年的堆积，黄土的堆积厚度有十几米以上，使开挖洞穴成为可能。

于 1959 年发现的山西西侯度遗址出土了一批包括大尖状器在内的石制器具。距今 180 万年的大尖状器是当时唯一可能用于建造洞穴的工具。所以，人类最早的建筑——人工洞穴应该出现在 180 万年前。这也说明，只有黄土堆积的地方才能建造洞穴，因为黄土层有采用简单工具即可挖成洞的特性。洞穴在冬季可保持 18℃的温度，这是维持生存的适宜温度，穴居使猿人生存了下来。

黄土拯救了人类，挖黄土洞穴成为人类进化的动因。

二、掏挖洞穴完成了进化

唯物论认为，任何一件事物的变化都有内因和外因，内因通过外因起作用，这个论断也适用于解释人类的进化过程。如果人类在寒冷的冬季寻找天然的洞穴去避寒，就等于外因没有发生变化，就不能引起内因即大脑的变化。假如猿人活动地区存在大量天然洞穴，冷的时候猿人就进入洞穴，他们便不可能进化成人类了。在寒冷的逼迫下，黄土给古猿建造洞穴提供了优厚条件，古猿挖黄土洞穴躲避风寒取暖，在挖穴的过程中锻炼了四肢，增长了智力，从而进化成人类。

三、竖穴的产生

古人类随着智力增长，逐渐有了改善生存环境的能力。从维持生存到改善生活，人类从深山走向平原，开始了农业生产。

平川没有挖掘横向洞穴的条件，为了取暖，人类开始向地面以下掏挖洞穴，这种洞穴称为竖穴。竖穴的温度变化不大，冬夏两季的洞内温度均在 18℃至 20℃，这是用现代测试手段测定的。

四、初始文明

人类从距今十万年前开始进入农作物种植时代，这是根据在丁村遗址发现的人类居住过的竖穴而断定的。

竖穴是一种将多根木杆交叉支撑在竖穴周边，封抹泥草而成的屋舍，是古人营造地面木构建筑的开始。

第二节　天圆地方

一、天圆地方

在古人的认知中，太阳每天围绕我们周而复始地运行，它的轨迹是一个巨大的圆形，进而构成了天体圆的形象。

（一）方向的萌芽

在人类最初的视野中，太阳早晨从地平线升起，沿着天空由低到高达到最高点，再由高到低从另一个方向落下，晚上从地平线上消失。太阳的运行按照不同的角度、不同的方向而且有相等的可视距离，这成为原始辨别方向的坐标。将太阳升起的位置和太阳降落的位置连成一条直线，这条直线指向太阳升起的一端，称之为东方；直线的另一端称之为西方。

随着古人的智力发展到一定程度，会发现太阳的落影有指示方向的功能。如设立一个竖直的木杆，测定这根木杆落影的长度，同一根木杆在上下午的落影相等处连线的方向称为纬度，表示东西方向。

人的活动是多方位的，仅知道东西向是不能完成地面活动的。当先人获得更多的实践知识以后，发现一天之中设定的木杆落影的轨迹线中，有一条最短的落影，沿着这条线画出一条延长直线，即经线，代表南北方向。认识南北和东西，就能说明一个区域和住址的位置。

（二）“方”的由来

大地给人直观的感觉是一个平坦的地面，远看是一条天和地相交的天际线，这就是大地的尽头。东南西北四个方向的天际线是一个正方形的版块，构成了大地的形象。

（三）“方”的度量

从原始的人类生产实践和生活起居活动中可以发现，“相同”“相等”的概念似乎出自认识的本能。在一个地平面上画出相交的线段，使其相交直线的交点两侧角度相等，从认识论的角度看，应当是在辨别方向的基础上产生的。

在一个正方形的图形中，四条边线相等且垂直相交，相交的角度是直角。在古代人眼里，只有正方形才能组合成相同的地块。由方向演化而来的直线垂直相交，不仅仅是划分边界的手段，而且影响了院落的形成。利用方形策划宅院，甚至影响到房屋的构成和组合，房屋组合中的“间”，更严格遵守了90°，线段相等和90°组成的方格是一种最简单的度量。

（四）“方”的定界

在远古人类的生产和生活实践活动中，是以付出最小体力、最少的时间，获得最多的生活资料为目的的，往往直接以直线的行动方式去索取。由于对距离长短的认识相对模糊，因此，等长的线段容易被认识。那个时候没有数字的概念，只有等长的概念，可以把复杂化简为“一”。

二、“天圆地方”说

《周易·说卦传》曰：“乾为天、为圜，为君、为父……坤为地、为母、为布，为釜。”在对宇宙结构的认识方面，“天圆地方”说是与当时人们的肉眼所能观看到的天空范围和大地水平界面相联系的。天看起来像一口大锅一样扣在大地之上，这是古人“天圆地方”说的由来。北朝有《敕勒歌》：“敕勒川，阴山下，天似穹庐，笼盖四野，天苍苍，野茫茫，风吹草低见牛羊。”生动地描绘出“天圆地方”的景象。

第三节 华夏文明起源于山西

一、华夏文明是中华文明中的地域性文明

山西是尧、舜、禹三大部落的活动区域。

据考古研究，山西晋南襄汾陶寺发现的陶寺龙山文化群落和晋西南三里桥文化群落，均与历史文献记载的，以陶唐氏陶尧部族为首的部族联盟古国的时间、地域相吻合，说明华夏文明的起源形成与发展植根于河东，即今晋南地区，其时间跨度大致从距今 5500 年至距今 4000 年，历时约 1500 年。

二、华夏文明起源的史迹

之所以说华夏起河东，主要是根据史实，即华夏文明的古国时期，其国家机构已不再像黄帝时代那样简单。这从《尚书·尧典》的记载中可以看出，尧时“克明俊德，以亲九族，九族既睦，平章百姓，百姓昭明，协和万邦”。同时有“象以典刑，流宥五刑”的记载。说明唐尧时期，已是许多部族组成的“联邦”社会了。而古国时期社会的真正发展和变化是在虞舜阶段。《史记·五帝本纪》中说，舜时“一年而所居成聚，二年成邑，三年成都”。按古代礼制“都”，是“帝王”所居之地，古国机构趋向完善，并且出现了凌驾于社会之上的“朝廷”。

陶寺遗址是目前所有发现的黄河流域史前遗迹中最大的一处城址。其规模宏大，建筑结构复杂，营造技术和施工手段进步，显示出严格的营组机构和政治权利，陶寺城址的出现是华夏文明形成的主要标志。

夏族与夏文化起源于晋南。《史记·五帝本纪》中“自黄帝至舜禹，

皆同姓而异其国号”及《史记·货殖列传》中“昔唐人都河东”的史实，清楚地指出夏族与黄帝、唐尧、虞舜部族的关系，即同族繁衍发展下来的不同分支。根据历史文献记载，山西境内的夏都，有阳城、晋阳、平阳、安邑、西河几处。《括地志》云：“晋阳故城……在蒲州虞乡县三十五里。”《世本·居篇》曰：“夏禹都阳城，避商均也，又都平阳。”《汉书·地理志》载：“河东土地平易……本唐尧所居。”

三、建筑营造的情况

（一）房屋建造和用材

据《周礼·考工记》载：“有虞氏上陶，夏后氏上匠。”“夏人上匠”多以“通水之官匠人，是故夏人上匠也”。使人们看到，在以黄帝为首的五帝时代，手工业已从农业中分离出来，有了专攻木构建筑的匠人和专门的木工。

《墨子·辞过》载：“古之民，未知为宫室时，就陵阜而居，穴而处，下润湿伤民，故圣王作为宫室。为宫室之法，曰室高足以辟润湿，边足以为圉风寒，上足以待雪霜雨露。”

石灰建材是一项伟大的发明，早在龙山文化时便用来改造住所。夯筑技术自仰韶文化以来多有发现，进入铜石并用时代的龙山文化时期，夯筑多用于城墙的建造。陶寺文化遗址也有夯筑的房屋建筑，在房屋木构的连接上，均是绑扎式的。经过对陶寺墓葬出土的几件木器的观察与解析，发现其制作工序是先将原木解成枋木或板材，然后采用砍、凿、削、挖等方法。

从陶寺城址宫殿基址中出土的建材和构件中绘有色彩的大块石灰墙以及板瓦可以看出，中国史前木构建筑中，对屋顶的处理已开始使用陶制板瓦，比西周早500多年。《孔颖达疏》曰：“尧治平阳，舜治蒲坂，禹治安邑。三都相距各二百余里，俱在冀州，统天下四方，故云‘有此冀方’也。”

《史记·龟策列传》云：“桀为瓦室。”《博物志》曰：“桀作瓦。”《古史考》也说：“夏后氏时，昆吾作瓦，以代茅茨之始。”《吕氏春秋·君守》曰：“昆吾作陶。”可见，瓦的出现可以追溯到夏代。山西襄汾陶寺遗址发现的陶瓦距今 4300 年，这是迄今所知最早的陶瓦建材。

（二）住房和宅院

在古代，人们泛称居宅房屋建筑为室，贵贱无别。《管子·轻重戊》曰："夏人之王，民乃知城郭门闾室屋之筑，而天下化之。"《礼记·月令》云："寒气总至，民力不堪，其皆入室。"《诗经·大雅·锦》咏周族的先人在周原"筑室于兹"。《释名·释宫室》云："室，实也。人物实满其中也。"从建筑学而言，室是居住空间实体。

夏商时期的居宅在考古发掘中发现不少，从建筑平面看，大体有方形、圆形两种。方形中又有长方形或曲尺形等。就建筑的组合而言，有单间、前后套间、左右并联间、三合院和四合院等等；就居住面积而言，有一居室、二居室、三居室等等，面积不一；就墙体建筑材料及建筑技术而言，有植物枝干编织的"篱笆"墙，有植物茎秆做里而外抹泥土的木骨泥墙，有没有木骨而用草泥堆砌成的泥垛墙，有用夹板筑法层层加高筑成的夯土墙，还有土坯墙；从屋盖形态言，有半地穴式或地穴式建筑，常见的有圆顶窝棚式，有"人"字形屋顶，有硬山式建筑，即两侧山墙略高出的人字屋顶，以及屋面超出两侧山墙的悬山式建筑，还有平顶式、斜坡式和四面坡式屋顶等。

河南偃师二里头夏代王邑遗址中，房址平面多呈方形或长方形，有与当时地面齐平的地面式，也有地面向下 1 米左右的半地穴式，大小不一，室内有烧灶，地坪有的铺草拌泥，有的铺垫料礓粉膜。房屋柱基有的用石基，有的为夯土墩。地面建筑一般面积较大，以方形为多，建造时先在选好的地方清理出一块地基，除掉浮土，挖开一个与所建房屋面积大小相仿的浅基坑，深度在 0.5 米上下，再在坑里填入净土，层层夯实，直至与当时地面略相齐平，上敷细泥，平整表面，用火烧烤，令其坚硬，然后建房。

夏代的居宅存在着一些地域性差异。在山西夏县东下冯遗址，除了地上和半地穴式两种建筑之外，还有窑洞式建筑。窑洞式房子的营造特点是，先在选择好的生土断崖上向里掘一门道，再由门道继续向里掏挖一个不大的居室。门道为长方形，略呈拱形顶，一般高约 0.8 米、宽约 0.7 米、进深约 0.5 米。居室皆庐顶，空间高度一般不超过 2 米，面积大的有 9 ~ 13 平方米；面积适中者最多，在 4 ~ 7 平方米之间；小者 3 平方米左右。平面状态可分圆形、半圆形、椭圆形、长方形，以椭圆形占多数。居室地坪大都经过火烧，一般有灶坑、壁龛，有的还有储藏室或在室壁上有烟囱通室外。东下冯遗址另有一类地穴式建筑，深 1.8 米，口底相若，坑壁笔直，壁下平整，面积 4 ~ 5 平方米，有壁龛，又有台阶可供出入。

夏商时期，晋南的建筑业是相当发达的，昔日的都城和宫殿虽然变成废墟，但是只要根据城池的基础、宫殿的夯台与柱基，就不难勾勒出这些宏伟建筑的轮廓，体会到这些城邑、宫殿从前的雄伟和辉煌。

第四节　周族的起源

周族历史悠久，一般认为它兴起于“陶唐、虞、夏之际”（《史记·周本纪》）。相传周的始祖为后稷，曾和大禹一起治水（《史记·夏本纪》）。

关于姬周族的最初居地，不少人认为是在今陕西的泾渭流域。和这种说法不同的是姬周族源于今晋境说，首倡此说的是钱穆先生[1]，后来吕思勉[2]、陈梦家[3]两位先生陆续采用钱说。从考古学角度对此加以说明的有邹衡[4]、李仲立[5]两位先生。王玉哲、李民两位[6]先生也从新的角度对此说加以证实。

第一，先周历史上屡有“邠”称。如《孟子·梁惠王下》谓“昔者大王居邠”。由于邠、豳同字，所以又屡有“豳”称，如《诗经·公刘》谓“于豳斯馆”，《史记·匈奴列传》谓公刘“邑于豳”，《史记·周本纪》谓庆节“国于豳”。姬周族以邠相称，应当是由于它长期居于汾水流域的缘故。周厉王曾经避难到汾水边上的彘邑居住十四年之久，以致《诗经·韩奕》称他为“汾王”。周宣王败于姜戎氏以后钧金“料民于太原”（《国语·周语》）。这些都说明汾水流域是姬周族的根基之地。

第二，《诗经·绵》追述姬周族发祥史说：“民之初生，自土沮漆。”

---

[1] 钱穆．周初地理考［J］．燕京学报，1931（10）．

[2] 吕思勉．先秦史［M］．上海：开明书店，1940.

[3] 陈梦家．殷墟卜辞综述［M］．北京：中华书局，2004.

[4] 邹衡．夏商周考古学论文集［M］．北京：科学出版社，2011.

[5] 李仲立．试论先周文化的渊源［J］．社会科学，1981（1）．

[6] 王玉哲．先周族初最早来源于山西［J］．中华文史论丛，1982（3）；
李民．释《尚书》周人尊夏说［J］．中国史研究，1982（2）．

此“土”应当和《诗经·长发》“禹敷下土方”之“土方”以及殷墟卜辞中的“土方”有关系，或谓“土方”即《左传·襄公二十四年》“唐杜氏”之“杜”，或谓它在今山西石楼一带，其地望均在今晋境。《诗经·公刘》有“逝彼百泉”“观其流泉”之句，与今晋境泉水众多的情况相合。《水经注》谓：“水出汾阴县南四十里，西去河三里，平地开源，濆泉上涌，大几如轮。”陈梦家说：“此所形容，当是今万泉县东谷中有井泉百余区之地。”[1] 此地在今晋西南，公刘所视之泉，当即此处。

第三，公亶父迁岐时，其子仍留在姬周族原住地，做了虞国始祖，虞在今山西平陆境。公亶父迁岐的原因，或谓“狄人侵之”（《孟子·梁惠王下》），或谓“薰育戎狄攻之”（《史记·周本纪》），所谓“狄人”“薰育戎狄”，皆古有易族的名称。有易族原居于今冀境的易水流域，后被商族攻击，“昏微遵迹，有狄不宁”（《楚辞·天问》），被迫西迁，而与居于汾水流域的姬周族冲突。经过长时期的相持斗争，姬周族也被迫西迁。依今晋冀接壤的形势观之，姬周族也应是居于今晋境。

第四，周人屡次自称“有夏”，如“惟文王尚克修和我有夏”（《尚书·君奭》），说明姬周族和夏关系密切，甚至可能原为夏族分支。从姬周族与夏的密切关系看，姬周族也当在今晋境而不在今陕地。春秋时期的学者叙述周族发祥史，谓自夏世至武王克商以前曾据有魏、骀、芮、岐、毕五地，前三地中的魏、芮可确知为今晋境之地，其中间的骀亦当如此，后两处在今陕，可见，在当时人的印象里，周人是由今晋境而至今陕地的（《左传·昭公九年》）。

第五，后稷母姜嫄有邰氏女。《路史》云：“高辛氏上妃有邰氏女，曰姜嫄是也。”有邰氏当即《左传·昭公元年》所谓的“封诸汾川”，后来又成为“汾神”的台邰氏。后稷的“即有邰家室”（《诗经·生民》）也当在今晋境。

第六，与姬周族累世婚姻的羌族多居于今晋境。尽管今陕西和甘肃南部也有羌族分布，但其主要居留地仍在今晋境，这也为姬周族源于今晋境说提供了一项旁证。

进入文明时代以来，人们的居住条件在以前的基础上有了很大的

---

[1] 陈梦家．殷墟卜辞综述［M］．北京：中华书局，2004.

发展，由穴居、半穴居移至地上，甚至筑起了高亢的台基。贵族们的住宅往往以石或铜做成的柱础来支撑高大的房屋，建成具有相当规模的、有一定格局的宫殿。二里头文化的绝对时间与夏代是吻合的。位于河南偃师二里头村一带的宫殿遗址，就是夏代的宫殿。

属于晚商时期的殷墟宫殿，其规模比早商时期更为宏大，布局也更加完整。殷墟发现各类房基56座，大多呈长方形，大的基址长达40米，宽10米。根据发掘情况可以推测当时的建筑程序：在建筑宫殿的时候，先挖1米多深，再填土层层打实，打至高出地面1米为止。打实地基的木夯直径为4～5厘米，每层夯土的厚度在7～10厘米之间。基址的夯层多者可达19层，可见，当时的宫殿建筑很重视高亢台基的筑成。在台基最后的两三层夯土中，按次序埋上石柱础，在石柱础周围以夯土加固，在石柱础之上，有的还加有铜质柱础。甲骨文字里有不少是当时宫殿或房屋的象形字，如甲骨文“宫”“室”“京”“高”等皆然。晚商时期，宫殿形制依然以木骨为架，以草拌泥为顶，屋顶为两面坡状。殷墟宫殿建筑注意平面布局，加强排水设施，所发现的陶质排水管直径有21厘米之多，还出现了三通的陶质水管。据古代文献记载，晚商时期宫殿建筑的装饰是十分华丽的。韩非子曾经这样描述商纣王的宫殿及生活情况：“昔者，纣为象箸，而箕子怖。以为象箸必不加于土硎，必将犀玉之杯；象箸玉杯必不羹菽藿，则必旄象豹胎；旄象豹胎必不衣短褐而食于茅屋之下，则必锦衣九重，广室高台。”（《韩非子·喻老》）关于商纣王“广室高台”的情况，其他的文献里也有记载，如“纣为鹿台糟丘、酒池肉林，宫墙文画，雕琢刻镂，锦绣被堂，金玉珍玮”（《说苑·反质》）就是一例。从历年所发现的殷代雕刻情况看，商王宫殿的外露的木质构件很可能是“雕琢刻镂”的。丝绸虽然珍贵，但商王宫室以之为殿堂上的帷帐一类的饰物，也是完全可能的。

一般平民和下层劳动群众在夏商时期还多居住在平地起建或半地穴式的房屋里，偃师二里头遗址曾经发现一种平地起建的房屋，地基经过夯打，墙以草拌泥涂抹，比较光滑整齐。郑州商城曾经发现40多处半地穴式房屋。早期的半地穴式房屋的门多南向，火塘设在房屋里面与门相对的地方，也有的在屋的一角。地穴的边壁上，有的接筑有短墙，墙上有的留有小窗，有的挖有方形或圆形的小龛，可以放置物品。早期半地穴式房屋的地面一般低于穴外地面 1.4 ~ 2.2 米。晚期的半地穴式房屋的地面入地较浅，墙壁多采用版筑法，墙厚 0.5 ~ 1 米，每版长约 1.33 米。房屋的地面多用土夯筑，表面有白姜石粉泥。有些房屋的夯土经过火煅以防潮湿。较大的房屋里面，有的筑有一道隔墙，将房屋分为内外两个部分。殷墟以外的商代平民居住遗址，以河北省藁城台西遗址的发现最为典型。台西遗址的时代约在早商以及晚商前期，这个遗址的半地穴式房屋为长方形，一般长 5 米，宽 1.6 米，房屋地面深入地下 20 ~ 70 厘米。这种房屋中间有矮墙，将室内分为大小两室，在较大的室内的西南角挖有圆形窖穴，在较小的室内挖两个灶坑。居室南边的门设有四级生土台阶。台西遗址还发现有平地起建的房屋，分为长方形、凹字形、椭方形和曲尺形几种，有单间的，也有双间或三间的。

西周时期的一般平民居住遗址也有发现。早期房屋是长方形半地穴式的，墙壁不加修饰，地面比较平整而且用火焙烤过，靠墙处多有凹入地面的椭圆形灶；晚期的房屋多圆形的半地穴式炕，墙壁表面涂以细泥，室内地面也抹一层黄土细泥，显得平整而坚硬，但没有用火焙烤的迹象。屋内有灶坑，室外有斜坡状的出口。这两种房屋依然保留着“陶复陶穴”，是比较简陋的房屋。考古发现的西周时期的宫室遗址反映了当时居住习俗的一些重要特点：就周王室居住情况来说，“前朝后寝”的建筑格局已经基本形成。墨子曾经这样叙述古代建筑宫室的原则：“……故圣王作为宫室。为宫室之法，曰室高足以辟润湿，边足以圉风寒，上足以待雪霜雨露，宫墙之高，足以别男女之礼。”（《墨子·辞过》）到了周王朝建立以后，情况有所变化，宫殿内的布置越发讲究。周康王继位的时候，曾在宫殿上举行盛大典礼，古代文献记载了宫殿上布置的情况：“狄设黼扆、缀衣。牖间南向，敷重篾席，黼纯，华玉，仍几。西序东向，敷重厎席，缀纯，文贝，仍几。东序西向，敷重丰席，画纯，雕玉，仍几。西夹南向，敷重笋席，玄纷纯，漆，仍几。”（《尚书·顾命》）

从这个记载可以看出，周王的宫殿上陈设着扆，即屏风，还有缀衣，即帷帐。在门窗之间朝南铺设着双层的篾席，摆着嵌有五色玉的矮几；靠西墙的地方，朝东铺设着双层细密的竹席，摆着嵌着花贝壳的矮几；

靠东墙的地方，朝西铺设着双层的相当光滑的丰席，席上画着云形的花边，摆着嵌有雕花玉的矮几；在西边的夹室里面，朝南铺设着双层的笋席，笋席的边缘用黑青色的细绳连缀而成，摆着髹漆的矮几。除了殿堂之外，还有东西厢房，也都摆满了各种宝玉和礼器。古书所记载的这些情况，让人们知道了周王宫殿的基本布置格局，周王在殿堂上要坐在屏风的前面，面朝南来处理政事。因此，古代有“周公屏成王而及武王，履天子之籍，负扆而坐，诸侯趋走堂下”（《荀子·儒效》）的说法。

第五节　秦汉时期的社会思潮对建筑的影响

一、秦朝的奢侈建筑

秦是中国历史上第一个大一统王朝，建立不世功勋的秦始皇在生活上十分奢侈，特别是在建造豪华宫殿、陵寝等方面，已经到了穷奢极欲的程度。

秦始皇所建宫殿数量之多、规模之大、规格之高，都是前无古人的。秦在吞并六国的进程中，派出画师临摹各国宫室，在咸阳附近依样仿造，集中天下宫室于一地。但是，六国宫室朝君王的局面，仍然满足不了秦始皇的奢侈之心，继续在各地广建宫殿。秦始皇居然认为，先王的咸阳宫与自己的功业不相称，在渭河之南兴建大型宫殿信宫，后改名为极宫，布局模仿“天极”之象；又营建朝宫于上林苑中，这座朝宫的规模过大，它的前殿就是阿房宫，至秦亡也未完工。司马迁这样记载它的非凡气势：“东西五百步，南北五十丈，上可以坐万人，下可以建五丈旗。”在秦末大起义爆发后，有将相大臣进谏，请求中止阿房宫的建造，以减轻百姓的力役、赋税负担。而昏暴成性的秦二世却说了如下一番话：《韩非子》说过，尧舜禹治理天下时，十分节俭、辛劳，甚至超过了臣虏之劳。这不是君主该做的。天子之所以受到人们的仰慕，在于他可以肆意极欲。如果贵为天子，却亲处于穷苦之中，还有什么值得效法的？先帝建宫室是为了显示兼并天下的功业，如果停止修建，就是对先帝和我的不忠。秦二世的坦率令人吃惊，他把肆意极欲当作皇帝的理想境界，对传说中尧舜节俭的美德嗤之以鼻。秦朝宫殿之盛，是建立于天下百姓的竭力殚材甚至是累累白骨之上的。

秦始皇的陵墓骊山陵，更以规模宏大、陈设华丽而为千古之冠。据司马迁记载，陵中藏满了来自皇宫官署的奇珍异宝，《史记·秦始皇本纪》载“以水银为百川江河大海”“上具天文，下具地理”。为了修建这座陵墓，被强制劳作的数十万刑徒，付出了沉重的代价。在秦始皇陵西侧的赵背户村，就发现了一大批刑徒墓地。刻写在残砖断瓦上的简陋墓志，记载着死者的籍贯、姓名、爵名、所服刑名等基本情况，痛斥着统治者的奢侈无度。

二、成仙和冥间观念对建筑的影响

（一）羽化成仙

羽化成仙，或至少是长生不死，是当时人乐于追求的目标。司马迁在《史记·封禅书》中对秦始皇、汉武帝的求仙之举写道：“服食求神仙，多为药所误。不如饮美酒，被服纨与素。”而冥间则不同，它与每个人的身后之事密切相关，是无法逃避的归宿。关于冥间的猜想和设想成为“冥间观”内容日趋丰富的源泉。

（二）“视死如生”的世俗观念

人们以“视死如生”的心态安排死后的生活，体现在“阴宅”——墓葬之中。

皇帝陵墓规格之高，随葬重器之丰富，有着天下臣民无法攀附的差距，这是最不容侵犯的等级制度。如果一个皇帝在位时间较长，修陵工程甚至可以持续几十年。入葬之时，无数民脂民膏随之归于地下。

三、道教和佛教对建筑的影响

（一）道教的产生

秦汉时期是道教产生和流行的时代。《史记·封禅书》中有“方仙道”之称，当时的人们用“方仙道”来概括方术士的活动，同时，“道士”这个名称也出现在汉武帝时代。《史记索隐》引《武帝集》记载：“道士皆言子侯得仙，不足悲。”这里说的“道士”，实际包括方士和道士两类，武帝时的“方仙道”也指的是这两类。可见，当时道士和方士还很难区别开。不过，“方仙道”在当时已具有一些宗教性的特点，对以后道教的正式形成有很大影响，如李少君的“却老方”，用丹砂化黄金，食蚕成仙等，为后来道教的外丹黄白、辟谷服食之术的前身，而武帝时的李少翁有所谓的“鬼神方”，能招致鬼神，厌胜辟恶，对后世道教的巫术也有很大影响。尤其是其中的“太一方”，受到汉武帝的提倡，在甘泉立泰畤，三年一次，亲郊太一，成为定制。这对道教的形成起了重要的作用。

汉元帝以后，因经学的发展和公卿中儒臣辈起，“方仙道”被排挤，渐次衰落，但不久后，随着图谶内学的兴起，一些道士便以图谶求得统治者的青睐，部分道士与图谶学汇合而进入东汉。在东汉初年，有以各种名目出现的方术之士，如风角、遁甲之术，及望云省气、推处祥妖等，其中不少就源自西汉时“方仙道”等流派，许多游方道士在各地传授道术，但尚无教派性的组织和联系。

自汉桓帝时起，随着社会危机的加深，出现了有组织、有道书、有宗祀信仰和简单仪式的道教，对此后的历史和文化均产生了较重要的影响。

（二）佛教的传来

佛教产生于公元前6世纪，到公元前3世纪，由于阿什卡国王皈依了佛教，全国人几乎都成了教徒。到西汉时，西域的某些城邦小国已经信奉佛教。东汉初年，佛教开始在统治阶级中流传，如楚王刘英“学为浮屠斋戒祭祀”（《后汉书·楚王英传》）。首先传来中国的，不是佛经，而是佛像，后来才有佛经的传译。

按佛教所宣扬的教义，一般可归结为下列几点：一是宣扬“人死精神不灭”的“神不灭”；二是宣扬“因果”报应；三是认为要“行善”“修道”，为来世积福；四是不杀生，专务清净。而小乘佛教的教义，重点是讲“禅数”，提出戒、定、慧三学。戒是根本，定指“禅”，慧是了解“数”，即“数法”。“禅”也有各种方法，一种叫“安般守意”，也译作“持息念”，“安”即吸气，“般”即出气，“持息”就是控制呼吸，

“念”就是思念专一，专注一心。这种禅法要求有意识地控制呼吸，集中思想。由于方法很简单，所以此法在印度很流行，而中国道家的吐纳、食气等养生之术也与之很接近，所以，东汉时期的佛教学者安世高有意识地介绍了小乘教，而这一教派的经典介绍到中国之后很快被接受并流传开来。佛教传入中国后，对我国的建筑也产生了很大影响。

四、汉初的尚俭思潮对建筑的影响

汉初的政治家、思想家，正是基于对秦朝极欲而亡的历史教训的深刻总结，明确提出了“抑奢尚俭”的主张，并付诸实践。作为秦汉巨变的亲历者，陆贾曾讨论过消费问题：“国不兴无事之功，家不藏无用之器”，是为了减少力役并节省贡献。璧玉珠玑不为君上所珍惜，百姓就会把好玩之物弃置一边；雕琢刻画不贡献于君主，民众就不会专注淫技曲巧以致放弃农桑之事。耗费布帛，以极耳目之好，快淫侈之心，岂不大为谬误？这无疑是对统治者的告诫。

著名思想家贾谊，也提出过裁抑奢侈、褒奖节俭的主张。他认为，秦朝的灭亡，与“赋敛不时”“百姓困穷而主弗收恤”有直接关系。汉家要达到天下大治，必须“去淫侈之俗，行恭俭之术”[1]。贾谊在政治思想上，特别强调等级秩序，君尊臣卑；在消费观念上，同样主张不可破坏等级礼仪秩序。在贾谊看来，最可恶的是僭越式的奢侈消费。根据他的观察，当时破坏等级消费制最严重的社会集团，就是富商大贾。他们凭借手中掌握的大量金钱，肆意挥霍，甚至把皇帝、后妃专用的衣料用作房屋装饰。更何况，当时皇帝都穿着简朴无华的衣服，而那些商贾却在炫耀财富，鼓荡奢侈之风。这是贾谊无法容忍的。所以，他才提议“驱民而归之农”，使“末技游食之民”转而从事农耕。在贾谊的理论体系中，“戒奢尚俭”与“重农抑商”是密切相连的。

晁错对秦朝的奢侈之风也给予了猛烈抨击，认为“宫室过度，嗜欲无极，民力疲尽，赋敛不节”是秦末天下溃败的重要原因。

---

[1] 王渊明，徐超．贾谊集校注［M］．北京：人民文学出版社，1996.

（一）《淮南子》的节制论

《淮南子》作为西汉前期黄老学派的集大成之作，反复劝说统治者要节制消费，社会大众也要以简朴为美德，把当时盛行的“五行”学说，糅合到反对奢侈的理论分析中，提出了“五行流遁”之说。认为“凡乱之所由生者，皆在流遁”。大肆兴建宫室，伐运木材，是“木遁”；开凿深池，是“水遁”；高筑城郭，是“土遁”；铸造钟鼎重器，是“金遁”；焚林而猎，烹制美食无厌，是“火遁”。此五者有其一，足以亡天下。这种“五行流遁”说，以神秘的外在形式出现，可以强化劝诫的效果。任何形式的奢侈无度，都将导致横征暴敛，它们都可以使百姓丧失维持最低生活水准的条件，出现“居者无食，行者无粮，老者不养，死者不葬”的悲惨局面。如果百姓皆有铤而走险之心，那么天下溃败就是不可避免的事了。

（二）皇室带头恭修节俭

汉初的几位皇帝多注意节俭，一反秦代皇室穷奢极欲的奢华作风。如高帝七年（前200年），刘邦见萧何负责修建的未央宫过于壮丽，责备萧何说：“天下汹汹，劳苦数岁，成败未可知，是何治宫室过度也。”萧何解释说：“天下方未定，故可因遂就宫室。且夫天子以四海为家，非壮丽无以重威，且无令后世有以加也。”（《汉书·高帝纪》）刘邦这才转怒为喜。到惠帝以后，在“黄老政治”下，皇室都比较注意节俭。惠帝、吕后及景帝皆无过分铺张之举，尤以文帝为甚。文帝在位二十三年，史称其“宫室苑囿车骑服御无所增益”。他曾计划造一露台，令工匠计算，需用百金，他觉得花费太高，对臣下说：“百金，中人十家之产也”，结果作罢。他所宠幸的慎夫人“衣不曳地，帷帐无文绣”，以示淳朴。文帝为自己预修的陵墓，也要求从简，“治霸陵，皆瓦器，不得以金银铜锡为饰。因其山，不起坟”（《汉书·文帝纪》）。据考古工作者调查，坐落在陕西关中的西汉诸陵中，唯有文帝的霸陵无封土可觅，历年来出土之文物，仅有瓦器而无金银之属，证明文帝确是相当节俭的。

第六节　北魏的郊祀与明堂

古代礼制中表示祭祀的“郊”有三层含义，广义上包括在郊外举行的对天地、日月、山川的祭祀，尤其是郊天之礼，狭义上则专指在圜丘，即南郊祭天，连带指在方丘，即北郊祭地[1]。秦汉以来，有关郊祀的时间、地点、祭法和郊坛建制等始终未有定制，直到汉光武帝时，才参考新莽南北郊之制，建南郊并设立相关的配享与从祭方式。魏明帝景初元年（237年）十月，营洛阳委粟山为圜丘。泰始二年（466年），诏定郊祀南郊，到这一年十一月，“有司又议奏，古者丘郊不异，宜并圆丘方丘于南北郊，更修立坛兆，其二至之祀合于二郊。帝又从之，一如宣帝所用王肃议也。是月庚寅冬至，帝亲祠圆丘于南郊。自是后，圆丘方泽不别立”（《晋书·礼志》）。其制影响后世，成为定制。

明堂为古代帝王都城中重要的礼制性建筑，汉以后，通常用于天子祭享五帝等最高神祇，并以王朝之先帝为配。明堂的起源与上古原始部落民主制有关，其基本功能除祭祀外，尚有议事、选才、养老等功能，大体属于原始的部落民主制下部族成员参政议政的场所。明堂之制，由于战国以后阴阳家等对其功能、形制的神话渲染，变得扑朔迷离，莫衷一是。在儒家经典中，像《周礼·考工记》和《大戴礼记》中对明堂制度的说法就有很大差异。汉代今古文之争中，古文家多执着于名物训诂，对明堂之制只在其具体建筑形制如空间是五室抑或九室、典籍所述异同等问题上纠缠，而今文家似乎更注意明堂的功能意

[1] 杨志刚. 中国礼仪制度研究［M］. 上海：华东师范大学出版社，2001.

义。蒙文通指出今文经学家讲明堂，有精深大意，与明堂的源起和历史真实似更接近。所谓明堂，真正的意义是“集中了来自全国各地乡学的没有种族差异的各成员来议政”[1]，应是看到了明堂这一保留了原始部落民主制度遗风的礼制建筑的本质。由此，不仅可以解释古人为何每以明堂、辟雍并提，乃至“以明堂、辟雍、灵台为一，谓之三雍”（《河间献王对上下三雍宫》），与后来考古学者关于“明堂原是公众集会之处和各种集体活动的中心，具有祭祀、议事、处理公共事务、青年教育和训练、守卫、养老、招待宾客及明确各种人社会身份等功能。进入阶级社会后，统治者利用明堂作为祭祀和布政施教之处，但原来明堂的各种仍有痕迹可寻”[2]的发现和研究也相吻合。

由于明堂在传统礼仪制度中的重要地位，魏晋南北朝时期的许多王朝，在天下已定，制礼作乐时，都对明堂的设置十分看重。从考古发掘的材料来看，迄今所出土的四座古代明堂遗址，此时期就占两处，即魏晋洛阳明堂遗址与北魏平城明堂遗址，其制度格局均可与文献材料相印证。

《宋书·志》载：“太康五年，修作明堂、辟雍、灵台”，潘岳在《闲居赋》中，描述了西晋洛阳城南的明堂、辟雍的建制与意义：“其东则有明堂、辟雍，清穆敞闲，环林萦映，圆海回泉。聿追孝以严父，宗文考以配天，祗圣敬以明顺，养更老以崇年。”

东晋以后，动乱不止，对明堂之制多袭用前代，到宋孝武帝时才着手重立明堂，订立相关的祭祀制度，其制大体为齐梁沿用。

在北方，北魏孝文帝即位以后，由于对儒家礼乐文化的看重，曾一再与臣下讨论如何设立和祭祀于明堂的问题。太和十年（486年）“诏起明堂、辟雍”，到太和十五年（491年），由李冲主持完成。

有关明堂之义，李崇曾上表曰：“臣闻世室明堂，显于周夏。二黉两学，盛自虞殷。所以宗配上帝，以著莫大之严。宣布下土，以彰则天之轨。养黄发以询格言，育青襟而敷典式，用能享国久长，风徽万祀者也。”（《魏书·李崇传》）

所谓“宗配上帝……宣布下土……养黄发以询格言，育青襟而敷

---

[1] 蒙文通．经史诀原［M］．成都：巴蜀书社，1995.

[2] 汪宁生．释明堂［J］．文物，1989（9）.

典式”诸言，可以说已注意到了明堂祭祀、颂政、养老、育才的基本功能。而关于明堂之制，史载袁翻之议：“谨案明堂之义，古今诸儒论之备矣，异端竞构，莫适所归，故不复远引经传、傍采纪籍以为之证，且论意之所同，以酬诏旨耳。盖唐虞已上，事难该悉。夏殷已降，校可知之。谓典章之极，莫如三代，郁郁之盛，从周斯美。制礼作乐，典刑在焉，遗风余烈，垂之不朽。”（《魏书·列传第五十七》）袁翻所议，主张明堂之制应根据周礼。

北魏学者亦多持五室之说，如封轨称“夫室以祭天，堂以布政。依天而祭，故室不过五。依时布政，故堂不逾四。州之与辰，非所可法，九与十二，其用安在？今圣朝欲尊道训民，备礼化物，宜则五室，以为永制”。《李灵传附璨子宣茂传》亦载“宣茂议明堂之制，以五室为长，与游肇往复，肇善之”。不过，北魏初建明堂，似乎还是用九室之制，因此，也曾受到后人“其堂上九室，三三相重，不依古制，室间通巷，违舛处多。其室皆用墼累，极成褊陋”（《隋书·宇文恺传》）的批评。《水经注·㶟水》记载平城“明堂上圆下方。四周十二堂九室，而不为重隅也。室外柱内，绮井之下，施机轮，饰缥碧，仰象天状，画北道之宿焉，盖天也……加灵台于其上，下则引水为辟雍。水侧结石为塘，事准古制，是太和中所经建也”。郦道元的记述，一部分已为近年北魏明堂遗址的考古发掘所证实。

从《水经注》的记述中还可以看出，北魏建明堂也是以“三雍”为一体的，其义与汉代正统经学的说法有相合之处，如《白虎通·辟雍》所言“辟雍所以行礼乐，宣德化也。辟者，璧也。象璧圆，以法天也。雍者，雍之以水，象教化流行也”。尤其灵台建于明堂之上而下为辟雍，其上圆下方的形制，则天象地。某种意义上，也可体现其取法天地，君权天授以教化天下的理念，所谓“辟台望气，轨物之德既高。方堂布政，范世之道斯远”（《魏书·源贺附传》）。

第七节　隋唐时期帝王的尚俭和奢侈对建筑的影响

一、隋文帝的俭奢作风

有些皇帝出于励精图治、保江山的目的，在执政初期较为节俭，但不能坚持到底，往往在取得一定政绩，尤其是执政后期奢侈无度。

隋文帝是中国历史上一位著名的节俭皇帝。他即位后的第二个月下诏："犬马、器玩、口味不得献上。""太常散乐并放为百姓，禁杂乐百戏。"这些举措表明隋文帝从执政开始就提倡节俭，取消物质和精神的特殊享受。开皇九年（589年），隋文帝又下诏："郑、卫淫声，鱼龙杂戏，乐府之内，尽以除之。"（《隋书·高祖纪下》）进一步反映了他不贪图奢侈享乐的思想。

隋文帝不仅自己节俭，而且经常以节俭思想告诫诸子，说"自古帝王未有好奢侈而能长久者"（《资治通鉴》）。这是隋文帝从历史经验教训中悟出的节俭思想。秦王杨俊奢侈，盛建宫室，违反节俭制度。隋文帝因其奢侈放纵而免去其并州总管官职，大臣杨素等谏诤，认为秦王只不过浪费官物建室而已，治罪过重，隋文帝坚持法不可违。

隋文帝的节俭思想是与体察百姓疾苦、不轻用民力、奉行民为邦本的仁政思想相联系的。开皇二年（582年），修建新都的诏书中说，他住前代的皇宫，常以为修建者辛苦，住皇宫的人安乐，重修新都的事，心里没有考虑。而王公大臣们都认为从伏羲、神农，到姬周、刘汉，无不屡迁皇都。现在的京城，从汉代起，凋残日久，屡经战乱。皇宫只是权宜之居，应建新都。他却认为，天下不是他一人的，建新都关系国家长治久安，但大臣们的请命言词感情深切不可违背，因此才同意修建新都。说明隋文帝在进行像修建新都这样大的工程时，是考虑百姓疾苦的。

二、享受极乐的隋炀帝

作为最高统治者的封建皇帝，认为享受极乐是理所当然的。

隋炀帝曾对近侍说："人主享天下之富，亦欲极当年之乐，自快其意。"在他看来，作为皇帝，就应当享受极乐。因此，他认为"今天下安富，外内无事，此吾得以遂其乐也"。

隋炀帝"无日不治宫室"(《资治通鉴》)。自长安至江都，置离宫四十余所。苑囿亭殿虽多，但久而厌倦，故亲自选择天下胜地修建新宫。在长达八百里的江南运河沿岸，遍置宫室、驿站。显仁宫用大江以南、五岭以北的奇材异石建成，宫内充满海内嘉木异草、珍禽奇兽。西苑更加奢华，周围二百里，内海周长十余里，海内垒蓬莱、方丈和沄洲三神山，高出水面百余尺，台观殿阁遍布山上。北有龙鳞渠，缘渠立十六院，每院住一位四品夫人。树木秋冬凋落，则剪彩为花、叶，颜色旧了，再换新的。池内剪彩为荷花、菱角。隋炀帝游玩时，去冰布置。十六院的夫人们"以殽羞精丽相高，求市恩宠"(《资治通鉴》)。所造的迷楼，据说有十二重台阁，二十四座亭池，三十六间密室，七十二处幽房，一百零八所雕闱，三百六十五层绣闼，无数曲栏回廊、朱栏翠幌，内中千门万户，婉转通接，游者迷不能出。隋炀帝说这琼宫瑶室、奇花异草、丝竹管弦、粉香色嫩，便是仙家、仙景、仙乐、仙姬，游幸其中，便是一个真正的活神仙。他的这种大造宫室、巡游江都和夸耀富强的行为，将其统治时期逐渐积累起来的富强的隋王朝，折腾得几乎民穷财尽。

三、唐太宗的节俭思想

唐太宗执政时期，尤其是执政前期，在消费方面特别重视节俭。这是他总结历代，特别是吸取隋炀帝败亡教训的所得。

早在武德四年（621 年），时为秦王的李世民，在消除隋残余势力

王世充后，于洛阳观看隋朝宫殿时叹道：“逞侈心，穷人欲，无亡得乎！”（《资治通鉴》）

贞观二年（628年），唐太宗对黄门侍郎王珪说，隋炀帝“恃其富饶，侈心无厌，卒亡天下”。还说治理国家务必积蓄于民，不再储满国库。如果继位的后主是不肖之子，多积国库“徒益其奢侈，危亡之本也”（《贞观政要》）。

为避免重蹈秦始皇、隋炀帝奢侈而亡的覆辙，唐太宗发布《缓力役诏》，表明自己祗奉天命，抚育百姓，寤寐咨谋于公卿，“何尝不以节俭为怀”。唐太宗修洛阳宫以备巡幸，给事中张玄素谏道，陛下初平洛阳，下令凡是隋朝宏大奢侈的宫室一律毁坏。未曾十年，陛下复加营缮，“何前日恶之而今日效之也！”况且今天的财力不如隋朝，陛下役使遭受隋炀帝暴政祸害的百姓，“袭亡隋之弊，以此言之，甚于炀帝远”（《资治通鉴》）。唐太宗的思想受到很大震动，立即下令停止修洛阳宫，赐张玄素彩二百匹，以示感谢。

由于唐太宗较为重视节俭，以身作则，在贵族官僚中，节俭成风。魏徵以节俭自律，生活简朴，他的住宅简陋，没有正寝。马周贵为中书令却十分贫穷，房屋狭窄。户部尚书戴胄居宅弊陋，祭享无所。尚书右仆射温彦博家贫无正寝。中书令岑文本“居处卑陋，室无茵褥帷帐之饰”（《旧唐书》）。史称“由是二十年间，风俗素朴，衣无锦绣，公私富给”（《资治通鉴》）。

唐太宗与隋文帝一样没能始终如一地坚持节俭思想。在贞观四年（630年）取得“贞观之治”的初步政绩后，他也开始奢靡起来。如贞观五年（631年），修仁寿宫后又要修洛阳宫。户部尚书戴胄上表谏道，在隋末乱离不久的今天，百姓凋敝，国库钱财少，如果修宫不止，公私劳费，无法承受。唐太宗嘉奖戴胄忠心耿直，酬以官爵。但过了一段时间，唐太宗又命将作大匠窦琎修洛阳宫。窦琎认为凿池筑山，雕饰华靡，唐太宗下令毁除，并免去窦琎官职。唐太宗在修洛阳宫事上的多次反复，表明他在节俭与奢侈的问题上思想斗争是激烈的。

四、唐玄宗的节俭奢侈思想

在唐玄宗身上，同样反映出典型的节俭与奢侈并存的思想。当他通过宫廷政变夺取皇位时，年轻有为，励精图治，推行节俭政治。

为了弘扬节俭思想，切实做到禁止奢侈行为，唐玄宗下诏放出宫人，澄清民间为他求声色的喧哗；禁厚葬令，革除厚葬奢靡风气；以腊月气寒乘肥衣轻，无益有害，不利淳朴，予以禁断；大酺宴会曲从奢侈，今后两京及天下酺宴，以及所做的山车、旱船、楼阁、宝车等无用之物，一律禁断。以禁止奢侈的名义，为正本澄源，除掉伤风败俗的弊端，自己带头捐金抵制珠玉，将天子所用金银器物铸为铤，供军国用。珠玉在殿前焚毁，后妃以下全穿洗过的衣服，不用珠翠装饰，"当使金土同价，风俗大行"(《禁珠玉锦绣敕》)。官员则除规定的服饰外，金、银、玉等也全铸为铤，妇人衣服，各随夫子。已有的锦绣衣服，染为皂色。天下不许再采取珠玉、刻镂器玩等，违反的人决杖一百，受雇工匠降一等，两京及诸州旧有官织棉纺，全部停止。如果今后因循旧的弊端，制作珠玉锦绣，归罪长官，命御史和金吾严加监管。由此可知，唐玄宗对奢侈的危害有较深刻的认识，摒弃奢侈的决心是较坚决的。

可是，在他坐稳了帝位、社会经济发展繁荣、天下太平以后，唐玄宗步隋文帝、唐太宗的后尘，摒弃了节俭思想和反奢侈的政策。特别是得到杨贵妃以后，不再上朝处理朝政，待在后宫，过着醉生梦死的享乐生活。如在骊山华清宫修的浴池，制作宏大壮丽的浴池屋数十间，池周边砌以有花纹的石子，池中置银镂漆船和白香木船，船的楫、橹均装饰珠宝玉器。据《开元天宝遗事》记载，专供唐玄宗所用的奉御汤中，以文瑶密石砌作，中央有玉莲，汤泉涌以成池，又缝锦绣为凫雁于水中。唐玄宗和杨贵妃架着小舟戏玩于其间。从华清宫流到外面的水中，有珠缨宝络等，贫民每天都能拾得。唐玄宗为杨贵妃生日及节庆所需而批准供其驱使的"织锦刺绣之工，凡七百人，其雕刻熔造，又数百人"(《旧唐书》)。陈鸿在《华清汤池记》中说："其穷奢而极欲，古今罕匹矣。"

第八节　宋朝的复古、改革及消费思想对建筑的影响

一、礼制的重建和《营造法式》

自宋初以后，礼乐制度的修制从未间断过。宋太祖即位的次年，聂崇义上进《三礼图》，太宗时根据唐《开元礼》制定了《开宝通礼》，真宗时设置了专门的礼仪机构“详定所”，都表现出对礼仪制度的高度重视。

宋仁宗时，宰臣贾昌朝撰《太常新礼》，神宗时礼院进而修订《礼仪》。《礼仪》大率循唐朝故事，也兼用历代之制。神宗在位以来，新修的《礼仪》既有“变礼”，也有新增的礼仪。“变礼”如圜丘之罢合祭天地，寿星改祀老人，重新认定僖祖为始祖等；新增的礼仪如哲宗时创景灵西宫，徽宗亲祀方泽、作明堂、立九庙、铸九鼎、祀荧惑等。

作为礼制改革的一部分——建筑礼制的改革主要表现在《营造法式》的制定。至宋哲宗元祐六年（1091 年），将作监第一次编成《营造法式》，书名《元祐法式》。绍圣四年（1097 年），又诏李诫重新编修，作为礼制重建的一个部分，于崇宁二年（1103 年）刊行全国。

宋高宗也曾感言：“周礼不秉，其何能国？”国家的礼仪制度逐渐得到恢复。宋孝宗时国势稍隆，礼仪之制受到重视，朝廷续编《太常因革礼》。

宋儒对礼仪之事表现出了很大兴趣，朝臣奏章关于“礼”的内容相当多，许多人还做过深入研究，撰著有不少的礼制篇章。如南宋大

儒朱熹欲取《礼仪》《周官》《二戴记》为本，考订汉唐诸儒之说，编次朝廷公卿大夫士民之礼。

宋以来，皆合祭天地。元丰元年（1078年），礼部官员说，古代祀天在南郊地上之圜丘，祭地在北郊泽中之方丘。汉代以来，合祭天地之说不符合“求神以类”之意。翰林学士张璪说：“先王顺阴阳之义，以冬至祀天，夏至祀地，此万世不可易之理。”

宋太祖从五代的混乱时局中获得政权，非常用心于治国之术。遵从老子所说：“我无为而民自化，我好静而民自正。”帝王要“无为无欲”，才会治理好天下的百姓，也才可如黄帝、唐尧一样“享国永年”。

宋太宗同太祖一样持黄老“无为”之术。他推崇老子《道德经》，强调和宣扬清静无为的道家思想，君臣以此论政，充斥朝堂。太宗对臣僚宣称“清静致治”是黄老之道的精髓，表示要努力做到这一点，甚至对一些违法之事，也不愿追究。

宋真宗即位时告诫宰臣说：“先朝皆有成宪，但与卿等遵守，期致和平耳。”表明了他“守成”的政治路线。大臣们纷纷附和，如陈彭年上疏引“利不百，不变法”的古训，请“非有大益，无改旧章”（《续资治通鉴长编》）。可以看出，北宋前期，政治上提倡黄老“清静无为”之术，并将其作为治国的指导思想。

在北宋前期清静无为、因循持重的政治气氛中，潜伏着的社会危机及各种矛盾日益严重。国家机器庞大松散而运转不灵，国家财政开支出现危机，常年入不敷出，土地兼并严重。朝野人士不得不做出新的思考与判断，要求改革弊政的呼声日益高涨。他们怀抱儒家“王道”的政治思想，“言政教之源流，议风俗之厚薄，陈圣贤之事业，论文武之得失”（《范文正集》）。改革思潮成为宋仁宗以来政治思想的主流，与宋初以来的政风相比较，这一时期的变化是非常明显的。

范仲淹在《岳阳楼记》里表达了“先天下之忧而忧，后天下之乐而乐”的情怀，与一批儒者抱着“以天下为己任”的时代使命感，高唱儒家名教之说，力陈变革之道，提倡献身社会的思想风尚，对“清静无为”政治进行了有力的批驳。在天圣三年（1025年）《奏上时务书》中，他要求朝廷实施改革。其后，他又数上政书纵论国家大事，在政治思想领域吹起了一阵阵新风。

二、王安石变法的思想

江西人王安石（1021—1086年）是在这一求变时期崭露改革热情的政治家，他于庆历四年（1044年）进士及第，其后多年的地方官经历使他对社会矛盾和危机有了深刻的认识。嘉祐三年（1058年），他上进“万言书”，要求变法，指出国家财力日困，风俗日坏，法度多不合古之“先王之政”。同时指出，时代不同，法先王要“法其意”，当务之急要培养既能推行朝廷的法令，又要“能讲先王之意以合当时之变”的人才。依托儒家“王道”理想进行政治改革运动，是当时士人政治生活中的共同特征和要求，这位“独负天下大名三十年”的王安石顺应这个潮流走上了政治舞台的前列。神宗即位之初，王安石被召入京为翰林学士，熙宁二年（1069年）出任参知政事，次年升任宰相。在神宗的厚望中，发动了一场全面的政治、经济、文化思想领域的变法运动。在思想上，王安石固守儒家义理而不泥古，力求符合当代的需要。

三、宋代的消费观念和宅第营造之风

（一）政府的禁奢令

同前代一样，宋朝也制定有“臣庶室屋制度”，依据官品高低而规定“享受”的级别。等级规定反映了中国古代专制社会的一般特征。虽然总的来说，宋代统治者对民众的消费级别限制有所放松，但对等级的限制要求仍然是非常明确的。

宋朝对“奢侈”是有所禁止的，对士大夫们也往往有禁奢的要求。这一方面是基于等级观念影响，一方面是在物质财富有限的古代社会，过多的耗费对国家是不利的。大中祥符年间（1008—1016年），真宗连下三诏，禁止奢靡，其中宫院、苑囿等，只准用丹白装饰，不得用五彩。皇亲士庶之家，都不得用春幡、春胜之物。

朝廷对居室方面的限制，主要是从“等级”的角度做出一定的规范。一般来说，官府建筑和官僚宅第较多地受到“制度”的限制。如《宋史·舆服志五》载，天圣（1023—1032年）中，仁宗诏士庶僧道不得以朱漆饰床榻，又禁民间造朱红器皿。景祐三年（1036年），仁宗下诏，对房屋装饰做了许多限制规定：一般房屋不得做“斗八”，即天花板上凸出为覆井形的图纹；非品官之家不得起门屋；非宫室、寺观不得彩绘栋宇、朱黝漆梁柱窗牖和雕镂柱础。包拯曾指责市肆工匠在为百姓的制作中“故违条制”。所谓“风俗侈靡”“壮丽相夸”的指责在两宋时期不绝于书。

（二）竞相奢靡之风

宋代物质生产的发展和商品经济的繁荣，使消费市场呈现出兴盛的景象。北宋都城汴京和南宋都城临安，是宋代两座最典型的消费城市。汴京城的“相国寺内百姓交易”“诸色杂货”，消费品应有尽有。临安城的“诸色杂货”也极为丰富。从宋代众多的“奢侈令”中可以看出，“竞奢”成为很大一部分宋人的消费心理。“天下以奢为荣，以俭为耻”（《临川集》）竟成时尚。

营建宅第是士大夫时髦的风气，宰相赵普私第造作雄丽，太祖见之亦以为过，数十年后仍然完壮。王拱辰宅第甚侈且极高大，有“巢居”之讥。欧阳修《寿楼》咏道：“碧瓦照日生青烟，谁家高楼当道边。昨日丁丁斤且斫，今朝朱栏横翠幕。主人起楼何太高，欲夸富力压群豪。”尽显筑室竞富心态。苏辙言其退老还乡，筑室“且作百间计”，毕仲游也说要在自己的旧屋之外，增盖二十余间小屋作为退隐调养所。私家园林在官僚阶层中很盛行，李格非《洛阳名园记》记当地有名园 19 处。其中，董氏西园有三重堂屋，幽曲深邃，游者至此往往迷失。就如“卑小”的司马光独乐园，也是厅堂台池，一应俱全。

宋代的杭州人不惜以牺牲衣食为代价，也要坚持对居室之美的追求。熙宁年间（1068—1077 年），淮浙闹旱荒，米价暴涨，杭州人仍然把家中不多的余钱用于装饰居室。“必以太半饰门窗，具什器。”（《宋朝事实类苑》）若有“借债”之钱，首先的用途也是“充饰门户”，即使在白天到处借粮食下锅，也还是要把家中器具油漆一新。

（三）奢简之辨

宋代有以简朴闻世者，也有豪奢一时者。宋初罕以奢靡夸耀，故公卿以清节为高。由于贫富无定势，如何消费既有的财富，不同的人可能会有不同的认识。李沆为相，居第厅堂前狭隘仅容旋马，有人说起这一点，他回答说，居第当传子孙，这里作为宰相厅堂确实狭窄了点，但作为太祝奉礼厅堂就已嫌宽了。甚至垣颓壁损也不以为意，家人劝治居第，他也不肯，说是“巢林一枝，聊自足耳，安事丰屋哉”（《宋史》）。张文节为相时，仍然过着低级官员的简约生活。先朝宰相吕端旧第也非常简陋，甚至不如当时一些公卿家隶人的住房。包拯居家俭约，衣服、器用、饮食在当高官之后仍如初为官时。王安石衣食居室方面也很不讲究。

司马光曾谈到：“近岁风俗尤多奢靡”，体现在服饰穿着上，即使是普通百姓，外表也不简朴，“走卒类士服，农夫蹑丝履”。他说，众人皆以奢靡为荣，吾心独以俭素为美。古人以俭为美德，今人乃以俭相诟病。（《传家集·训俭示康》）

第九节　元、明、清时代的建筑沿革

一、元代社会背景和建筑变革

元朝时期对建筑制度和形制并没有明确的规定，但对宋朝的建筑形制采取了认同的态度。

尽管是蒙古族统治的时代，但元朝还是在很大程度上继承了汉族的传统，前期的建筑形式也毫无例外地被保留下来。元灭金后得民间工匠 72 万，这些工匠被大量征调到江南，先后将 40 多万民间工匠编入“匠户”，这意味着元朝接受了汉族的传统营造技术和建筑式样。营造中大量使用汉族工匠，使得元代建筑在平面布局、梁架结构、细部做法乃至用材方面，基本上都与宋、金建筑形式保持一致。所不同的是，元代不再将宋代的《营造法式》奉为建筑模式，《营造法式》作为一种制度和法令，对元朝统治者已经失去制约作用，但作为建筑技术文献，则是设计者和工匠们所必须掌握的专业知识和技能。这就使得他们在营造中既没有脱离传统的建筑文化，又得到了很大的自由创作空间，为建筑形式的变革提供了一个发展的机会，客观上为诸如“减柱移柱法”等建筑变革提供了条件。

元代建筑可谓不拘陈法，别出心裁，不仅打破了“间架”的概念和构架受力系统的法则，对构架材料的选择也比较随意，为避免斜栿加工制作所带来的困难，常利用原木或适宜的自然弯曲木料，有时也会用旧料拼合而成，体现了建造者不受传统法式束缚的大胆革新精神。

元代寺庙建筑大量采用“移柱法”，这显然是出于佛事活动的方便和需要。

元朝独尊戏曲，元曲是戏曲的鼻祖，开创了戏曲的先河。由于戏曲的发展，元代开始修建专供戏曲演出的戏台，戏台建筑又带来了传统建筑的变革。洪洞广胜寺水神庙壁画所绘制的宏大演出场面，说明戏台需要大的台面空间和大的建筑跨度，需要长而粗大的木料搭接在台口上，其形式突破了唐宋时期的建制。戏台建筑中所用的大额形式也被运用到其他建筑上，大额式建筑成为元代独有的特征。元代建筑一方面沿用传统规则的结构方法，另一方面却不强调传统法规，洪洞广胜寺上寺前殿是“减柱造”和“移柱造”的典型实例。元代建筑中往往使用只经过粗略加工的原木构件及弯曲梁，同样不强调传统法规，或是有意识地扬弃传统模式。

二、明代建筑的社会背景

朱元璋利用汉民族反抗异族统治的强烈情绪，在元末发动农民大起义，于公元1368年建立了明朝。为了维护和巩固自己的统治地位，从建朝之日起就多方面采取措施，大力加强中央集权，迅速建立了高度集权的专制制度。明初兴修水利，并采取许多鼓励发展生产的措施，促使农业生产迅速恢复和发展，手工业等方面也有了较快的发展，明代经济在一个时期内出现了繁荣的局面，并对明王朝的思想文化产生了影响。

在治国方面，明朝以唐、宋为模本，奉行唐宋时期的旧制度，特别强调尊奉周礼，在思想文化领域恢复汉唐之风。在中国古代，由于受传统思想中正统思想的影响，除汉族外的其他民族常常被贬称为“夷狄”。朱元璋统一中国后，为了显示其思想之正统，在思想文化领域一洗所谓“胡元之旧”。如《明实录·洪武元年》记载：“胡服、胡言、胡姓，一切禁止……尽复中国之旧。”又如《明太祖实录》记载：“自即位以来，制礼乐，定法制，改衣冠，别章服，正纲常，明上下，尽复先王之旧，使民晓然知有礼仪……”明王朝要恢复的是周礼，提倡的是儒家思想，因为周礼是一套完整的、适合社会需要的道德规范，对华夏民族有绝对的权威性，儒家思想更是被尊崇为“先王之至”，

“祖述尧舜，宪章文武”的美好社会风尚深入人们的思想和行为准则之中。为了维护儒家在中国思想上的正统地位，明王朝在恢复旧制方面做了极大的努力，采取了一系列措施，如推行一系列文化政策、提倡儒家伦理道德、贯彻封建礼制等等，其中多项举措是带着刀与剑完成的。如洪武二十三年（1390 年）的丞相胡惟庸案及洪武二十六年（1393 年）的蓝玉案，屠戮功臣并牵连无辜者达五万人，明初的文字狱案之烈达到了空前的程度,无奇不有。这些都直接巩固了明王朝的思想文化，保证了在思想领域所恢复的制度能够被坚定不移地贯彻和执行，但束缚了包括建筑在内的艺术创造，在一定程度上对建筑文化是一种禁锢，产生了消极影响。

明中叶以后，由于农村土地兼并和繁重的赋税，导致人口流入城市，商品市场不断扩大，庞大的市民阶层开始兴起，社会风气、文化思想、价值观念开始发生新的变化，所有这些都给明代文化带来了新的影响。

明万历年间（1573—1620 年），一些文人看到了科学的曙光，他们致力于对各种学科的研究。如徐光启研究过天文、历法、数学等西方近代科学,在数学与实际的联系方面,提出了著名的“度数旁通十事”，其中有与营造有关的，“兵家营阵器械及筑治城台池隍等，皆须度数为用，精于其法，有裨边计。”“营建屋宇桥梁等，明于度数者力省功倍，且经度坚固，千万年不圮不坏。”

宋应星的《天工开物》不但是明代的一部重要科学著作，而且是我国科学技术史的一部重要文献，简要而系统地记述了明代各方面的成就。但是,《天工开物》遗漏了土木建筑、水利工程、园林等领域，这一现象曾引起学者们的关注。日本学者薮内清在其主编的《天工开物的研究》中做了分析，认为该书是写给不专门从事科学技术工作的人看的，他想以一本“技术概论”来规谏统治阶级务实，劝导知识分子改变鄙视科学技术和崇尚空谈的恶习，所以不记皇帝宫陵之营造，不载长城之修建，不提漕运之开通，不涉苑囿之技巧，因为这些都是直接为统治阶级的淫威享乐服务的，是劳民伤财的。

市民阶层的兴起，引出了特殊的文化现象，引发了包括建筑在内的一场变革。正如杭间在《中国工艺美学思想史》中所写：“明代市民阶层有了超越以前任何时代的发展，随着市民意识的觉醒，市民的审美趣味便以十分复杂的心态和内容，出现在社会时尚的主流之中，它既不同于宫廷、贵族的口味，也有别于以农村为主的民间情调，综合了宫廷的、民间的、文人的审美情调，成为一种独特的文化现象。市民、宫廷、民间、文人四者，构成明代工艺的四大体系，它们分别从织锦、棉纺、陶瓷、漆器、金工、家具、雕刻以及建筑装饰中，通过造型和装饰体现出来，它们既可呈现端庄、敦厚，又可体现富丽堂皇；既可简约、质朴、豪放，又可淡雅秀丽；它们的装饰纹样，既可高度程式化、图案化，又会表现出写意清纯的小品。田自秉先生说：'明代的工艺美术，是我国工艺美术民族风格发展的成熟时期，基本上具备了近代特色的主要特征。'指的就是在这种复杂的背景下呈现多样化的发展。"这些工艺美术直接影响了明代建筑的装饰。

在精神文化领域，明王朝将佛教和道教作为政治统治的工具，在"神的世界"中寻求支持，借用佛教和道教的势力来维护统治地位，尤其是佛教得到进一步的传播，佛教建筑得到较大的发展。朱元璋早年"孤无所依，乃入皇觉寺为僧，逾月，游食合肥……凡历光、固、汝、颍诸州三年，复还寺"（《明史·太祖本纪》）。僧侣出身的他对佛教有着特殊的感情，即位后，鉴于元代崇奉藏传佛教的流弊，他开始对佛教加以整顿。洪武元年（1368年），他在南京天界寺设善济院，命慧昙管领佛教，又设置统领、副统领、赞纪化等员。洪武十五年（1382年），他对佛教的整顿更为积极，仿宋制设各级僧司、僧官，京设僧录司，府设僧纲司，州设僧正司，县设僧会司。在大力整顿佛教的期间，朱元璋于洪武三年（1370年）、七年（1374年）、十年（1377年）多次命慧昙出使日本等国，开以僧为国使的创举。在崇佛的气氛中，许多官立、私立寺庙应运而生，由于统治阶级的提倡，祭祀建筑也有了不同程度的发展。不但在城内修建了许多大型坛庙，而且在各地方也建造了大批祠庙和表彰封建道德与功绩的牌坊、碑亭等。就官式建筑而言，建筑的设计已经完全定型化，在总体布局、单体设计、建筑结构方式、建筑装修手法等方面都有一套固定的模式，致使建筑在很大程度上不只注重怎样完善已有的程式做法，更注重建筑微观方面的构造，促成了建筑的精细化。

（一）明代建筑是客观矛盾的产物

朱元璋建立的明王朝具有强烈的反异族统治思想。这一思想导致其对元代制度采取全盘否定的态度，摒弃元朝时期的一切规章制度，彻底恢复宋以前的封建统治模式，《明史》和《明会要》等历史典籍中常常可以看到“考宋制”之说。中华民族所遵循的尧舜古制已有千年的历史，这一古制是中华民族的凝聚力所在，而周礼正是这一凝聚力的核心。明代统治者充分认识到了这一点，于是加强了恢复古制的信念，并多次制定恢复古制的法令。传统理念一直认为今人不如古人，这也是明代遵奉古制的一个原因。明代统治者恢复宋制的做法，可以认为是一种回归历史的现象。

明代与宋代之间隔有元代，没有连续性，在思想认识上需要有跨时代的意识，而社会的急剧变革又造成了新的时代观念，资源的开发和生产力的发展也与宋代时有了很大不同，所有这些，无论对意识形态还是营造技术都产生了深刻的影响。然而，为了恢复古制，明朝制定了许多制度，其中包括营造方面的制度，在建筑形式上通过一系列政策性手段对建筑进行约束，同时采取相应措施，在朝廷的干预下，用法令的手段予以推行，这种带有法令性质的建筑制度在世界建筑史中也是绝无仅有的。与此同时，还制定了一些合乎国情的新的营造制度，所有这些都成为明代建筑形制形成的原因。

永乐皇帝迁都北京后，按照南京宫殿的规制大规模建造北京宫殿、坛庙、官署。在对北京的建造中，仿佛有某种不可抗拒的力量左右了建筑工匠的头脑，建筑构架体系明确，建筑结构舒展简洁，构件接点简单牢固，成就了一种完全不同于宋元时期的建筑风格。

从宏观角度来讲，明代建筑式样偏向宋式，最明显的是梁架中不使用未加工过的曲梁构架，也不采用元代的大额式做法。虽然明代建筑试图走宋代营造法则的轨道，但并没有受宋代做法的约束，明代建筑主观上仿宋制，客观上又受元代技艺的影响，加上因地制宜等因素，显得灵活多样。明代建筑在大木结构上做出了一些新的尝试，例如，元代许多殿宇柱子排列很灵活，采用大内额，在内额上排屋架，所形成的减柱、移柱做法，虽然没有被明代直接继承下来，但这些做法却在明代得到了进一步的发展。明代建筑中的许多创新做法以实用、牢固、省工、省料为出发点，这些做法被清代完整地继承下来，并形成了严格的制度。

明代建筑与唐、宋、辽、金以来的北方建筑体系相比，其规制和做法都有很大的不同，官式建筑也由宋式的“材分制”变为明代的“斗口制”。明初官式建筑中模的数值发生了变化，模数进位简化为整数，为工匠计料提供了便利。明代的材料等级比元以前大幅度降低，斗栱用材减小后，就不像以前那样与明栿结合形成保持构架稳定的铺作层，而逐渐蜕化为柱、梁之间的装饰垫层，保持构架稳定的功能则由架设在柱头间的栏额和梁枋所构成的“井”字格形的支撑系统所取代，这一支撑系统使梁柱本身成为稳定的构架。唐、宋以来，用柱高扩大模数以控制建筑立面和断面高度的方法在明代继续使用，并有新的发展，在明代特大型宫殿建筑中出现了以模数方格网控制立面设计的方法，建筑形式比较严谨，但如果从群组布局角度来看，这一点有利于保持整体性，又可视为其优点。

明代木材资源已经相当匮乏，产生了材源不足和建筑形式之间的矛盾。为了解决这些矛盾，在建筑构造和建造技术上采用了一些新举措，如缩小材栔断面，尤其体现在斗栱上。斗栱仅作为营建制度被保存下来，其比例从宋代柱高的一半或三分之一缩到了五分之一，平身科大多数不延长到后侧，但斗栱数量增加，最多的有七八朵，成为装饰性构件。内檐结点上的斗栱也逐渐取消，梁身直接放置在柱上或插入柱内，梁与柱的交接更加紧密，梁外端做成要头伸出斗栱外侧，直接承托挑檐檩，梁下的昂失去了原有的结构意义。为了保持外观形式，便采用假昂，昂尾成为一种纯制度形的构件，增加了许多雕刻装饰，特别是三福云，从宋代偷心华栱中的一根简单的纵向翼状构件，发展成附属在昂尾上的云朵。同样出于木材资源匮乏的原因，屋顶出檐缩短了，带来了出檐遮盖空间局促短浅的问题。为了有效解决这一难题，便采用“廊步”形式，虽然廊步设置的面积不大，却把室内外两个空间有机地联系起来，有助于建筑艺术效果的表现。建筑中柱的比例也发生变化，唐、宋柱径与柱高的比例为 1:8 或 1:9，明清为 1:10，柱变得细长了，建筑风格呈现沉着、稳重、严谨，这也是明代建筑有别于唐、宋建筑的地方。

明代建筑形式变革是多种因素作用的结果。明初将先前的“匠户”

制度改为“雇佣”制度，工匠得以相对自由地发挥技艺。明中叶以后，由于官僚、地主、豪绅掠夺土地资源，使越来越多的农民流离失所，不得不转为雇佣工，从事手艺行当。匠户数量不断增多，匠户之间的竞争日趋激烈，使得技艺竞争成为当时的一种社会现象，手艺越精巧，被雇佣的机会就越多。在营造活动中，在建筑受制度控制的情况下，匠人们的技艺在建筑细部的装饰上得以体现，导致建筑装饰日趋烦琐。

中国古代建筑的木结构通过元朝短时期的变动和酝酿，到明朝趋于稳定，官式建筑高度定型化、标准化，同时，建筑开始走向程式化。明代建筑中的这“三化”是中国古代建筑经验长期积累的成果，为估工、算料、加快施工速度带来了极大的便利，也为清朝颁布《工程做法则例》奠定了基础。另一方面，建筑结构定型化也不可避免地带来了一些弊端，即建筑结构僵硬化，限制了建筑形式的创造和发展。

从总体上来看，明代建筑恢复宋代形制是肯定的，并且元代建筑对明代建筑的影响也是不能抹去的。元代在营造方面出现了许多前所未有的做法，建筑技术有许多突破，如大额式构架方法，加上世代相传的工匠技艺的延续性，明代建筑必然会带有元代建筑的痕迹。

（二）明清建筑形式的多元性和地域性

中国地域广阔，在漫长的封建社会中，经常出现几个王朝同一时间内割据一方，在时间上互相交叉重叠的情况。就社会文化和科学技术而言，各地存在着明显的先发性和滞后性，在建筑上则体现为多元性，各时代建筑风格都携带着地域特色和匠艺技巧的差别。建造技术的形成是多方面的，它受到气候、自然生态、生活习惯、社会等级制等多方面因素的影响，另外，堪舆与择地、组合与分布、构架与技术、装饰与经验等都是地域性建造技术形成的因素。各地的营造工程都具有地域特性，经过长时间积累而形成的地域性建造技术，在很大程度上成为一种在自然、社会、经济、文化、生活等各种因素相互交织下，反复选择、筛选、调整的技术，它的进步有自身因素和外部因素，同时具有随条件变化的自我调节功能，为了达到完善自我的目的，各地域的营造技术又不断吸收各种外部的优秀技术，以不断调整、提高自我。

在地域营造体系的形成和发展中，工匠起了非常大的作用，这是由工匠在营造活动中的多元角色所决定的。工匠既是房屋的建造者，又是技术的传承者和传播者，同时还是技术规则的总结者、遵守者和调节者。营建活动中的一致或相似的营造方式和技术是通过工匠来完成的。营造对于手艺高超和经验丰富的工匠来说是一种生活方式，他们将自己的经验和情感融入建筑作品的建造过程，其创造性、流畅性和自由性也就在不经意中流露和表达出来。吴国盛在《技术与人文》中说道："高超的技艺出神入化、炉火纯青，其结果是达到一个高超的'境界'。在这个境界里，真正获得的是自由，所谓随心所欲不逾矩就是这种自由的境界。在这种境界追求的技艺里，技术并没有片面化为达成某一单个目的的工具，而是一种全身心的修炼过程。他们所生产的技术产品毋宁说是副产品，而他们的工艺活动成了他们的存在方式，在制作过程中，他们领悟到存在的意义和自由的真谛。因为古代的许多工匠、艺人，其所操持的手艺并非单单为养家糊口，而乃性命所系、生命的意义之所系。"工匠及其传统技术不但对历史上的科学技术发展有着推动作用，还包含着独特而又丰富的人性内容。然而，由于所处的社会地位以及有限的文化水平，匠人缺乏分析、逻辑推演和理论建构的能力，营造中以经验为重，但营造经验又上升不到理论的高度，造成理论与经验的割裂状态，这也正是宋代《营造法式》、清代工部《工程做法则例》以及明代民间木工行业专业书《鲁班经》形成的原因，它们对中国古代工匠的传统经验进行了提升和改造，成为中国建筑历史上具有重要里程碑意义的书籍。

中国手工业在历史的发展中逐渐形成自己的行会组织，内部实行祖师崇拜、记忆口诀的传诵。先辈工匠总结的营造经验，通过简单易记的口诀形式进行技术传授或传播。我们知道，口诀、歌诀形成的前提条件是标准化、规格化，否则，复杂的法则无法用极简练的歌诀来概括，各种建筑构件正是具备了这一条件之后形成了成套的歌诀。

中国古代的工匠匠艺都是师徒相传的，工匠的技艺各有所长，关键技艺绝不外传，师傅的绝活也不一定全部传给徒弟，徒弟所学的技艺不仅仅局限于师傅传授的，而是来自多方面的，如文字记载的技术准则、技术经验和手艺，以一定的文化模式流传下来的技术，在宗教禁忌和社会制约下的技术，作为促进生产方式和社会变革的技术等等。

在营造中，这些技术在建造者和工匠们的实际操作中，与他们各自的思想、技艺、情感甚至生命结合起来，在建造时表现出创造性、适应性、自由性和复杂性。

“文人相轻，艺人相贱。”工匠之间存在明显的技艺差别，在某些构件的处理上各有千秋，比如，在斗栱的处理上就有瓜瓣斗、斜斗、莲花斗等等。这种技艺的保守性反而促使建筑个性的形成，也迎合了建筑艺术的发展趋势，使建筑风格或建筑构件呈现争芳斗艳、百花齐放的局面。建筑可以说是工匠自己的艺术品，当这一艺术品完成之后，展现的是匠人的技术和艺术风采，同时，为营造大匠们提供了品评对方的机会。在品评过程中，匠人们相互取长补短，吸取对方建筑作品的精华，改进或摒弃不合理的部分，并经过再提炼、再提高，在下一个建筑中达到一个新的高度。在营造过程中，匠人们在各自经验的基础上相互学习、交流，提高了各自的技术水平，逐渐增强了各地区技术上的共同性，建筑作品就是在这种矛盾的发展中达到和谐统一的。

由于社会的需要，各地出现了许多营造组织，同时也出现了一些营造世家，这些组织、世家都有各自的建造技术，且代代相传，这些传统的做法使得建筑形式和构造技术相对稳定。中国古代的建筑风格，尤其是明代的工匠制度改革，给这些营造组织和世家提供了发挥技艺的场所。为了体现技艺和材质，建筑的形式和风格都有自己独特的个性，在建筑基本形式统一的前提下，无论是建筑群，还是单体建筑，都有或大或小的差别。

明中叶，江浙一带流传着有关建筑和家具的著作《鲁班营造正式》，鲜明地体现了地区特色，同时也表明民间建筑开始走向程式化。《刘敦桢文集》中有《明〈鲁班营造正式〉钞本校读记》，文中指出："此书在旧日南方诸省，流传极广，几与官书做法则例处于对立地位，而势力弥漫，殆尤过之，唯书中往往杂以咒诀及五行迷信之说，实无足取。然苟获明刊原本，依其图式，推求明以来南方住宅、祠庙结构之变迁亦足为研究我国建筑史之一助也。"又据该书："《鲁班营造正式》六卷，曾著录明焦竑《经籍志》，唯焦志简称《营造正式》，列于宋李诫《营造法式》之前，读者每疑其书内容与李书相伯仲……此书经陈叔谅先生影抄，以赠叶遐庵先生，叶先生复以转赠社中，始悉焦氏著录者，固兴坊间通行之《鲁班经匠家镜》，同为一书。”可以看到明代建筑技术方面的记载。

在我国古代，南北建筑风格是有差异的，这一差异在唐、北宋时期不大，但在南宋与金的一百余年对峙和南宋与元的四十年对峙中，南北建筑风格的差异越来越大。在小地域范围内，社会规范、明文规定的法律条文、行会组织的规章制度等都是人们行为的准则，有约定俗成的风俗、禁忌等。各种制度以及规范之间相互联系、相互渗透又互为补充，是地域特色形成的基本保证。山西是一个内陆省份，属于小地域，在历史的长河中有过闪光时期，但总的来说，由于交通不发达，造就了传统文化中封闭、守旧、安于现状等特征，在营造中体现了独特的建筑地域特征。

在山西的明代建筑中，敕建和民建存在很大不同，凡敕建的建筑，正统而标准，民间集资筹建的建筑，即使规模很大，也带有极大的随意性。崇善寺是明洪武十四年（1381 年）所建，是山西境内明代官式建筑的代表。与崇善寺距离不远，同建于明代的纯阳宫，则是地方工匠的杰作。另外，同属于明代同期的建筑作品，由于不在同一地区，呈现明显的地方特性，雁北和晋南的同期作品呈现出完全不同的做法，形成不同的风格，从而造成了地域建筑的多元性。

（三）营造经验也是明代建筑形式演化的原因

从古代建筑的发展历史来看，每一阶段的建筑都包含着对前一阶段各种合理因素的继承和某些不合理因素的否定。每一阶段中积极和富有活力的成分都会被后一阶段继承，将在长期的建筑实践中所继承的各种优点不断地加以改革创造，每当一种更经济、更有效、更可靠的材料或结构技术出现，旧的、落后的材料和技术就会被排除。同时，在实践中逐渐发现和掌握新材料和新结构的可行性，并在此基础上进行新的构思，进而形成新的建筑风格，中国古代建筑就是在这种不断推陈出新的过程中向前发展的。

古代建筑中的梁、檩、榑组成了一种结构不变的体系，在建筑的立架、施工中，叉手和托脚对梁架起固定和拉结作用，但建筑实践和经验使人们认识到，当檩、榑安装完后，叉手和托脚就成了多余的构件，考虑到材料的节用性，减掉这种辅助性构件也就成为情理之中的事，于是，明代建筑中大叉手和托脚便绝迹了。梁檩搭接中设檩碗（梁端部分放檩条的内槽）的做法也是从明代开始普遍用于梁架当中的，将檩端部分固定或设置在檩槽之内，其稳定性远远比设置襻间斗栱要好，这种搭结方法的改进实际上是一种更合理的结构结点处理方法，这无疑是建立在建筑实践和经验基础上的。

明代淘汰结点斗栱、替木，以檩槽和瓜柱取而代之，对节省材料、稳定梁架结构和简化施工程序很有意义，这种技术上的变革也导致了屋顶坡度形式的变化。因为檩槽的设置降低了梁架的高度，梁架的举高只有靠增设瓜柱这一竖向构件才能达到屋顶所需要的坡度。瓜柱的运用对屋顶坡度的影响甚大，瓜柱在明代屋顶坡度的增大中起到了主要作用。由于瓜柱的做法简单，可以任意长短，致使明代屋顶脊部架升高至九举，甚至十举。

明代建筑的檐柱虽然恢复了宋代的侧角和升起，但这种恢复是经过吐故纳新的。在对山西明代建筑的调查和测绘中发现，栏额部位很少有升起的现象，只保留檐柱的侧角，尤其角柱更为明显，倾斜角度大者可达8%，四面檐柱向内倾斜，向木构件施展一个向内的推力，使构件中的榫卯不能脱开构件，从而更为牢固。这就增强了结构的稳定性，建筑的安全性也提高了。

明代建筑虽然崇奉古制，但绝非一味照搬古制，而是抛弃了那些经过建筑实践经验被证明是不合理的部分。例如古制中的梭柱做法被遗弃，这是因为这种柱式没有具体的社会内容，而且非常耗工，笔者在仿古建筑施工中发现，梭柱用工量是圆柱用工量的三倍甚至四倍，这也可能是圆柱代替梭柱的主要原因。

（四）明中叶以后的崇奢现象

简朴是中华文明的一个重要特征。这种思想的形成原因很多，主要是由于社会产品缺乏，广大人民长期生活水平低下。明初消费生活仍然崇尚简朴，明中叶以后，消费观念大变，奢靡之风盛行。

明中叶以后，“崇奢黜俭”理论的出现，是中国古代经济思想史中一个十分耀眼的现象，也是中国古代消费观念由简朴到奢靡的重要转折。这种巨大转变，是明中叶以后经济繁荣，商品货币交换发达的深刻反映，而这些又反过来推动奢靡之风的进一步发展。

大量史料记载说明，明中叶以后的奢侈之风，已经不同以往一般意义上的浪费现象，更非一时的或者少数人的个别行为。对于这种奢侈风的概念界定、出现时间、产生原因、主要表现、涉及范围，以及历史作用，虽然仁者见仁，智者见智，但是，谁也没有否认它在明清社会的存在及其对人们思想的侵袭。

这股奢侈之风来势迅猛，蔓延极快，源起自最高领导层，以权豪势要为主流，影响及至普通平民百姓。15世纪四五十年代，首先“靡于英宗，继以宪、武，至世宗、神宗而极”“上行下效”“官习民染”。皇室如此，大小官僚竞相效尤，一般人家也不甘落后，纷纷“以奢相尚”，在衣、食、住、行四大生活要素上，相互攀比，讲求质量。有经济能力者，竞相追求高消费。“豪门贵室，导奢导淫”“增构屋宇、园亭，穷极壮丽”“男子服锦绮，女人饰金珠”。经济能力差者，亦要讲究面子，追求时髦，以表示自己也能适应新潮流。总之，在思想上干预、蔑视朝廷禁令，公开向等级制度挑战；在行动上，敢于冲破旧框架，超前借贷消费，无论贫富贵贱，“竞趋奢华”。弘治年间，有一位官僚曾对这种社会消费风气加以描述，说“官僚士庶之家，靡丽奢华，彼此相尚，而借贷费用，习以为常。居室则一概雕画，首饰则滥用金宝。倡优下贱以绫缎为袴；市井光棍以锦绣缘袜；工匠技艺之人，任意制造，殊不畏惮，虽蒙朝廷禁止之诏屡下，而民间僭用之俗自如”（《垂光集》）。可以这么说，从一国之主的皇帝到富家巨室，从普通百姓到贫贱的最底层，都是以这种心态直面五颜六色的现实世界。所以有人说“贵贱上下，全无分别”。

三、清代建筑的社会背景

清军入关以后，沿用明朝旧制，定内外文武官制，“略仿明制而损益之，兼用满汉人”（《清朝文献通考》）。清政府在用人方面正视汉人的存在，有时重用一些汉族人士，但实际上，对汉人自始至终是实行歧视、排斥的政策，没有做到同职同权。有清一代，“首崇满洲”始终是清朝的基本统治方针。康熙皇帝在位61年，在中国历代皇帝中享国最久，又是一位尊孔崇儒的君主，可谓大力提倡“汉化”，自称“视满汉如一体，遇文武无重轻”（《清圣祖实录》）。在建筑领域“清承汉制”的表现是启用北京明朝的宫殿，对明代或明前朝遗存的寺庙和宫观进行保护、维修或重修，现存的明代建筑大多是通过清代维护修建的。

清代后期，尤其是连续两次饱尝鸦片战争失败的痛苦之后，中国社会已到了国力衰敝、民不聊生的艰难境地。可是，慈禧太后为了显示清廷的“中兴”，于同治十二年（1873 年）决定重修十多年前被英法联军焚毁的圆明园。光绪十四年（1888 年），慈禧为筹备六十诞辰庆典，不惜动用当时急用以抵御外敌的海军经费。清末朝廷的奢侈加快了清政府灭亡的速度。

在建筑的传承上，清代在明代建筑形式的基础上接受和发展，其特征看起来似是“肥梁胖柱”，但实际上是择用树干的原始状态而加工利用（因为树干的原始状态为圆形，一根大木破解为二根料会导致尺寸不足，一根大料又显料材多余），使物尽其用，这样的处理会使构架更稳定可靠。清中期以后的建筑更显程式化，尤其在装饰，如斗栱形式的处理上，更显单一固定的模式，寺庙建筑多以重修或重建的形式出现，而少有始建的项目，民居建筑多有发展，商家大院多有造存。

明清时期是我国封建社会的晚期，在唐宋建筑发展的基础上，继续沿着传统路线不断充实拓展，形成了中国建筑发展史上的第三个高峰，总体建筑风格呈现精细富缛，建筑的形式和做法更趋向于统一。传统建筑技术中的复杂做法和加工逐渐被抛弃，建筑技术明显朝着简化结构和简单施工的方向发展，斗栱尺寸进一步缩小，逐渐失去其在结构上的重要性，制作和用料大大简化，出檐亦随之减短。留存至今的明清建筑遗迹很多，呈现出向不同民族形式的多元化方向发展。

四、明清建筑的风格

一种建筑风格的形成是由多方面因素决定的，它受建造材料、结构构造、建造技术、功能要求等方方面面因素的作用和影响，并经过长期的实践才会形成一种较稳定的风格。一种成熟的建筑风格具备三个特性，即独特性、一贯性和稳定性。独特性就是与众不同，唐代和辽代官式建筑的斗栱较大，屋檐被远远托出，檐口曲线缓和而有弹性，角柱明显向里倾斜，屋顶飞扬，建筑物雄壮而飘逸。明代、清代官式建筑斗栱小而密，出檐短，檐口平直，翼角飞起，建筑物端庄凝重。一贯性表现在个体建筑和群体建筑的体形、布局、局部、细节、装饰等都遵从一贯的艺术构思，从整体到局部以至细部构件都协调统一。稳定性即在相当长的时间内，建筑基本特点不变，并且有一批代表作品。一种成熟的建筑风格是在反复的实践中形成的，是一种传统的形式，会在一定的历史阶段传承下去，必然具有牢固的稳定性。

任何一种有意义的风格都是受社会各种因素和自然条件限制的，独特性和一贯性同样如此。在封建社会，表达统治阶级内涵的宫殿、庙宇成为不同历史时期建筑风格的代表。在中国经过几千年积累的丰富的建筑实践经验基础上，明清时期的建筑已形成较成熟的模式和固定的风格。这种模式和风格大多体现在《建筑技术通则》上，在建筑物的布置方面，要求主体建筑坐中，次要建筑对位。《通则》的内容包括建筑尺度的构成、建筑平面的度量、建筑剖面尺寸的确定、推山与歇山的计算等。在木结构方面，经过元代的简化，明代形成了定形的木结构，梁柱构架的整体性增强了，构架简化了，这些现象虽然在元代建筑中就已经出现，但没有像明代那样达到普遍化与定型化的程度。由于使用砖墙，所以屋顶出檐减少，并充分利用梁头向外挑出的作用来承托屋檐重量，挑檐檩直接搁在梁头上，这是宋以前的建筑没有采用的。这样，柱头斗栱失去了重要的结构作用，原来作为斜梁用的昂也成为纯装饰性的构件，但为了追求华丽的外观，斗栱的数量反而比以前增加了，成了木构架上的装饰物。另一方面，为了简化施工，柱网规则严谨化，柱子不再使用升起的做法，也没有金元时期的减柱造，檐柱向内倾的侧脚做法被逐步取消，梭柱、月梁等被直柱、直梁所代替，严谨、稳重、纤细的明清建筑风格就这样形成了。

明清建筑风格与木工工具的使用以及构件加工技术也有直接关系。中国古代建筑是以木结构为主体，以预制拼装构件为结合手段，以模数制加工生产和尺度构成为基准的体系，木工技术在其中发挥了很大的作用。由于明清建筑营造标准化的成熟，单体建筑的设计大大简化，匠师能够以敏锐而准确的尺度感和娴熟的技巧，灵活而妥善地运用各种建筑构件，形成各种规模的建筑组群和空间组织，并同周边环境和自然景观巧妙结合，达到建筑艺术的极高造诣。以明代斗栱构件加工为例，它的制作可谓奔放而严谨，刀、锯、刨、锛痕迹准确，舒展犀利，毫无打磨痕迹，细观出跳的昂嘴，是一锛削下去的，奔放而流畅，昂嘴扁平而修长。从明清榫卯制作工艺的精确度中会发现匠师的技艺是何等纯熟。同样的结构，不同的工匠会采用不同的榫卯来完成，许多木构技术的突破是靠榫卯结构来完成的。明清建筑装修图案结构严谨，表现力很强，无论隐刻和透雕，刀法明快，游刃有余，体现了明中叶以后一批专业匠人具有纯熟的功底。 明清社会环境造就出来的匠师创造了明清两代建筑的特有风格。

第十节　礼制对中国古代建筑等级和标准化的影响

一、礼的起源和发展

（一）礼的定义和起源

礼是古人为社会活动而制定的一系列制度、规定以及贯穿其间的思想观念和他们共同遵循的礼节仪式。礼有多重含义。从广义上讲，礼可以指一个时代的典章制度，比如夏礼、殷礼分别指夏代和商代的典章制度；从狭义上来讲，礼专指人们的行为规范、规矩、仪节。《周礼》《仪礼》和《礼记》是中国古代最著名的三部礼典。其中，《周礼》偏重政治制度，《仪礼》偏重行为规范，而《礼记》则偏重对礼的各个分支做出符合统治阶级需要的理论说明。这三部礼典所涉及的各种礼制总和就是礼的全部内涵。

周人的礼是后代礼制的渊源。从理论上讲，礼是人类为了调整主观和客观矛盾，寻求欲望与条件之间的动态平衡要求而产生的。对此，荀子有深刻的认识。《荀子・大略》中说："礼以顺人心为本……顺人心者，皆礼也。"《荀子・礼论》中对礼和礼的起源做了这样的阐述："人生而有欲，欲而不得，则不能无求；求而无度量分界，则不能不争。争则乱，乱则穷。先王恶其乱也，故制礼义以分之，以养人之欲，给人之求，使欲必不穷乎物，物必不屈于欲，两者相持而长，是礼之所起也。"

从仪节上来讲，礼的起源与人类原始的宗教观念有关。原始人类认为，鬼神和祖先是能对人类生活进行干预的力量，因此，所有仪节都与祭祀鬼神和祖先相联系。随着人类对自然社会和各种关系认识的不断深入，仅以祭祀鬼神和祖先之礼已经不能满足人类社会日益发展的精神需要，也不能调节日益复杂的现实关系。于是，仪节的范围和内容随之不断扩大，从应对各种神事扩大到应对各种人事。这些仪节以现实社会中最符合当时价值标准的模范行为为原型，并加以衍化，从而形成一套具有普遍意义和可以模仿、可以参照实行、也可以根据新条件不断更改和修正的行为程式。这些行为程式的演变是一个不断进行的过程，而且越变越复杂，所谓“礼经三百，威仪三千”就充分说明了礼的复杂性。为了执行各种礼的仪节，各朝都设有专门管理礼制的官职。从周代的礼官大宗伯、小宗伯开始，逐渐形成了庞大的专门从事各项礼事务的礼部。

（二）对礼的阐述

礼对中国历史的发展起了很大作用。自有礼后，诸家各派莫不对礼进行阐述。直至今日，对礼的研究更加深入、细化。

《荀子·王制》曰：“势位齐而欲恶同，物不能澹则必争，争则必乱，乱则穷矣。先王恶其乱也，故制礼义以分之，使有贫富贵贱之等，足以相兼临者，是养天下之本也。”

《荀子·性恶》曰：“礼义生而制法度。”

《荀子·劝学》曰：“礼者，法之大分，类之纲纪也。”

《荀子·成相》曰：“治之经，礼与刑，君子以修百姓宁。”

《荀子·强国》曰：“人之命在天，国之命在礼。”

后代人对礼也做过许多的阐述。今道友信在《东方美学》中的《孔子的艺术哲学》中说：“所谓礼，是典礼的精神，是个人或人与人之间的基本的精神状态，不是内在的道德心或外在的形式。这正是形态世界中的美和道德心世界中的善的统一的理念，这就使礼在行为的领域中成为崇高的理念，成为美和善的统一体，成为实践活动中的行为和行动的准则了。”

林语堂则说：“《礼记》中曾经几次提到了‘礼’字的概念。礼在政治上是关键性的因素，是原则的基础，是必要的和不可缺少的。礼绝不单是一种用在宗教仪式上的形式，是表现人类社会秩序和形成这秩序的哲学。礼包括在中国古代的社会、道德和宗教的构成整体中，通过宗教仪式，通过社会生活中的交际往来渐次确定下来，并有了一定的规则。归根到底是通过历史确定下来，后来孔子在概念上把它固定了下来。”

冯友兰把礼解作“仪式的细节因素”，同样认为它是原则的基础，是必要的和不可缺失的。

（三）礼的升华及作用

礼作为制度，孔子说：“行夏之时，乘殷之辂，服周之冕，乐则韶舞。”而荀子就提得更具体了：“衣服有制，宫室有度，人徒有数，丧祭械用，皆有等宜。声，则凡非雅声者举废；色，则凡非旧文者举息；械用，则凡非旧器者举毁。”

自从周公制礼作乐之后，统治阶级便以礼治天下，以礼治太平。礼既是法定制度，也是治国大纲，成为历代统治阶级执政的法宝、华夏民族的灵魂，并且渗透到人们物质生活和精神生活的各个方面，大至国家典章制度，小到穿衣戴帽，无不有所体现。礼不是一种教条般的信仰，而是大家共同遵守的一种生活方式和行为规范。随着封建专制主义中央集权的日益发展，统治阶级更加重视礼法，使礼法更加周密。

礼的重要作用是维护当时社会统治阶级的利益。《礼记·坊记》云：“制国不过千乘，都城不过百雉，家富不过百乘。”在中国古代典章制度中，类似这样的许多规定，其目的就是维护君主利益的等级堤防。封建统治者希望通过各项礼制制度的实现而建立一个自己所希望的社会秩序。

《礼记·坊记》云：“礼者，因人之情而为之节文，以为民坊者也。故圣人之制富贵也，使民富不足以骄，贫不至于约，贵不慊于上，故乱益亡。”从中可以看出，统治阶级希望通过礼来约束人们的思想，让人们从心理上安贫乐道。

《礼记·曲礼》将礼的作用讲得淋漓尽致：“夫礼者，所以定亲疏、决嫌疑、别同异、明是非也。”“道德仁义，非礼不成。教训正俗，非礼不备。分争辨讼，非礼不决。君臣上下、父子兄弟，非礼不定。宦学事师，非礼不亲。班朝治军，莅官行法，非礼威严不行。祷祠祭祀，供给鬼神，非礼不诚不庄。是以君子恭敬撙节退让以明礼。"《曲礼》把礼看成了兴邦治国，治军干禄，当官理政，司法断狱，道德教化等多方面的准则。

《左传纪事本末》中说："夫名以制义，义以出礼，礼以体政，政以正民；是以政成而民听。"由此可见，礼一方面规定统治阶级内部依据不同身份遵守不同的礼，以维持统治阶级内部的等级关系；另一方面，礼的作用是加强统治阶级对庶民阶层的统治。

（四）礼的重要性

《礼记·礼运》记载了孔子的话："夫礼，先王以承天之道，以治人之情，故失之者死，得之者生。"《诗经·相鼠》曰："相鼠有体，人而无礼。人而无礼，胡不遄死？是故夫礼，必本于天，肴于地，列于鬼神，达于丧祭射御，冠昏朝聘，圣人以礼示之，故天下国家可得而正也。"

《论语·泰伯篇》曰："兴于诗，立于礼，成于乐。"

《论语·季氏篇》曰："不学礼，无以立。"

《论语·尧曰篇》曰："不知礼，无以立也。"

《礼记·礼运篇》曰："礼者，君之大柄也。所以别嫌明微，傧鬼神，考制度，别仁义，所以治政安君也。"

礼是如此重要，因此，历代王朝都把学礼看作是对天下臣民实施教化的主要手段，视为"修身、齐家、治国、平天下"的规矩准绳。

（五）礼的种类及影响范围

《礼记·礼器》载："礼有大，有小，有显，有微，大者不可损，小者不可益，显者不可掩，微者不可大也。故经礼三百，曲礼三千，其致一也。"春秋以后，社会发生变革，古礼被逐渐废弃，统治阶级着手整理并阐述其意义，加以系统总结，将礼分为吉、凶、军、宾、嘉五大类，总称"五礼"。

"五礼"为一整套的典章、制度、规矩、仪节，对上下等级、尊卑长幼做出了严格的秩序规定，对中国人的思想观念起到重大的作用。

礼制制定了人们在生活中的一系列规矩，希望通过各项礼制制度的实现而建立一个统治阶级所希望的社会秩序。但“周礼主要不是‘事神致福’的宗教仪式，而是宗法封建等级社会的典章制度和人们的行为规范。礼的性质的这一改变，使周礼成为覆盖社会的各个方面，人们衣食住行，视听言动无不受其节制的准则。”[1]

荀子对礼更加推崇：“天地以合，日月以明，四时以序，星辰以行，江河以流，万物以昌，好恶以节，喜怒以当，以为下则顺，以为上则明，万变而不乱，贰之则丧也。礼岂不至矣哉！”

《荀子·修身》中有这样一句话：“容貌、态度、进退、趋行，由礼则雅，不由礼则夷固僻违，庸众而野。”因为礼是一种秩序或规范，所以合乎这种秩序或规范的，被称作雅，不合乎这种秩序或规范的，则被称作野或俗。

二、建筑是礼制的重要组成部分

礼制强调要建立一种上下有别、等级有序的差别格局，这种表现于外在的礼仪上的规则，其目的就是为了整顿社会秩序。建筑是人们创造的体量最大、使用最多的产品，正因如此，建筑成为肯定和强化这种秩序与价值的重要场所之一。礼制制度造就了中国古代建筑的等级制度，使建筑形象有了高低贵贱之分，这种观念贯穿于中国古代建筑历史发展的整个过程。上至宫廷，下至民居，都与建筑中的礼制息息相关。建筑的基本要求是体现等级制，正如荀子在谈及宫室建筑时说：“为之宫室台榭，使足以避燥湿养德，辨轻重而已。”《唐会要》中也强调：“宫室之制，自天子至于庶人，各有等差。”

在中国传统文化观念中，建筑首先是秩序、权利、礼仪、道德的体现，然后才是为了居住、使用，建筑早已突破生活容器的概念，成为天、地、人共存的空间存在形式。一些建筑如宫阙、都城以及诸侯士大夫的宅第，都作为国家的基本制度而被制定下来，建筑制度同时就成了一种政治制度，成为必须遵守、不可移易的典范和完成政治目的的工具。《营造法式》附录孙原湘跋曰：“从来制器尚象，圣人之道寓焉……规矩准绳之用，

[1] 汝信，马振铎，徐远和，郑家栋．儒家文明［M］．北京：中国社会科学出版社，2000.

所以示人以法天象地，邪正曲直之辨，故作为宫室台榭。”

清代任启运在《朝庙宫室考》中有这样一句话：“学礼而不知古人宫室之制，则其位次与夫升降出入，皆不可得而明，故宫室不可不考。”建筑成了考证前世礼制文化的实物。

在营造项目的建造顺序上，礼制建筑居于首位。《礼记·曲礼》中说：“君子将营宫室，宗庙为先，厩库为次，居室为后。”将精神功能为主的礼制建筑视为头等重要，而将使用功能为主的建筑放在其次，充分说明古人对建筑精神承载功能的高度重视。

建筑的各个方面都受到礼的节制，无论从文献的记载还是实物的考察中，中国古代城邑、宫殿、坛庙、府邸、陵墓乃至佛寺、道观等，其建筑内容、形制以及标准都是由礼这一基本规范衍生而来。

《华夏意匠》对中国古代建筑中礼制的体现做了精辟的总结：“由于长期受到影响，‘礼’的意识就融会到古代大部分的建筑制式中去，从王城到宅院，无论内容、布局、外形无一不是来自‘礼制’而做出的安排，在构图和形式上以能充分反映一种礼制的精神为最高的追求目的。”《美术考古学导论》也对这一方面做出分析和总结：“中国古代建筑的审美价值与使用价值同时受到政治伦理价值的促进和制约，越是艺术价值高的建筑，越能发挥维系和加强社会政治伦理制度和思想意识的作用。越是艺术性强的建筑，它的使用性往往受到政治伦理价值的约束。”

（一）建筑是礼的物化形式

建筑既是物质的实在产物，又是以精神产物的形式显现出来的实体，是社会形态的实体体现，以建筑来明辨身份等级，最能体现人间秩序，礼的意识融会到古代大部分的建筑制式中，建筑的布局、方位、间架、尺度、色彩、装饰等无一不是遵从礼的安排，受到礼的制约，纳入礼的规范。《周礼》《礼记》《仪礼》等都对包括建筑在内的等级形式，做了明确的原则规定，历代统治者在各类建筑的建造上莫不引经据典，并不断充实，到明清时期更是面面俱到。

《礼记·乐记》中说：“中正无邪，礼之质也。”礼制规定“中正之位为至尊”，以“中正”来显示尊卑的差别、等级的秩序。这种思想对中国古代建筑的影响是极大的，中国古代建筑群采用中轴线为中心、两侧对称的布局原则，表现了居中则贵的思想。梁思成在其文集中有这样的叙述："以多座建筑组合而成之宫殿、官署、庙宇乃至于住宅，通常均取左右均齐之绝对整齐对称之布局。庭院四周，绕以建筑物。庭院数目无定。其所最注重者，乃主要中线之成立。一切组织均根据中线以发展，其部署秩序均左右分立，适于礼仪之庄严场合；公者如朝会大典，私者如婚丧喜庆之属。"为了在建筑中体现礼的秩序。在群体布局中，中轴线上设置重要建筑，以突出尊卑的差别和和谐的秩序。

中国建筑是以宫室建筑为本位的，也就是以帝王的权利为中心，这种文化背景是高度集权的社会秩序与政治秩序，这些都铸造了中国建筑以秩序井然、尊卑有序为主的格局。历代王朝在取得政权以后，都要大兴土木，营造宫室，力图表现帝王所具备的威仪，正如萧何所说的"天子以四海为家，非壮丽无以重威"，这"壮丽"二字道出了中国建筑的特色，而表示这种威仪的就是"居之北辰，众星拱之"的宫室，整个建筑群巍峨雄浑，呈现萧何的所谓"壮丽"之姿。在设计上以一个中心为点，在平面上向四方伸延，分等级，分秩序，分方位，分左右，分先后，所以，中国宫室建筑文化是一种"礼文化"。在宫廷建筑范围内，不同级别的建筑受到不同的等级约束，具有非常强的等级观念。在各级官衙署建筑中，礼制制度同样体现得淋漓尽致。

关于城市制度，《春秋典》规定："天子九里，公七里，侯五里，子男三里。"

关于城的规模，《孔颖达疏》规定："天子城高七雉，隅高九雉；公之城高五雉，隅高七雉；侯、伯之城高三雉，隅高五雉。"

关于宗庙制度，《礼记》规定："天子七庙，三昭三穆，与太祖之庙而七；诸侯五庙，二昭二穆，与太祖之庙而五；大夫三庙，一昭一穆，与太祖之庙而三；士一庙。庶人祭于寝。"对于宗庙，不仅限制了规模，还限制了建造范围，庶人不能设庙，也不能祭祖，只能在家中堂屋里祭祖，这直接导致了明中叶以后民间普遍建造祠堂的现象。

明堂是中国古代重要的礼制建筑。蔡邕《白虎通义》中说："天子立明堂者，所以通神灵，感天地，正四时，出教化，宗有德，重有道，显有能，褒有行者也。"在明堂的建造上，形成了一定的传统。首先是"上圆下方”，正如《吕氏春秋》中所说的“王者造明堂，上圆下方，以象天地”。其寓意也正如《礼图》所说的：“建武三十年作明堂，明堂上圆下方。上圆法天，下方法地。”明堂的平面都是井字型，《明堂·月令》中所说的“四堂，十二室”是明堂的标准形式。所谓“四堂，十二室”，是指明堂的四面各有三室，共计十二室，每面的正中的室称为“堂”，也称“太庙”，两侧的房间称“左右个”。《礼记·明堂位》中说：“大庙，天子明堂。库门，天子皋门。雉门，天子应门。振木铎于朝，天子之政也。山节藻棁，复庙重檐，刮楹达乡，反坫出尊，崇坫康圭，疏屏，天子之庙饰也。”

王国维在《明堂庙寝通考》中说：“室者，宫室之始也，后世弥文，而扩建其外而为堂，扩其旁而为房，或更扩堂之左右而为厢。”这种设置，符合礼制秩序。

对于堂阶制度，《礼记》规定：“天子之堂九尺，诸侯七尺，大夫五尺，士三尺。”

在封建时代，生产关系和政治制度都是建立在家庭基础上的，家庭是封建社会的细胞，历代统治阶级对家庭的安定都十分重视。中国古代的住宅布局以儒家上下之礼和男女有别为基本构思，宫殿中的前堂后寝，住宅中的前堂后室就是男女有别的一种体现。住宅中的北屋为尊，两厢次之，倒座为宾完全是礼制精神在建筑上的反映。

对于屋舍制度，《唐六典》中是这样规定的：“王公以下屋舍不得重栱藻井，三品以上堂舍不得过五间九架，厅厦两头，门屋不得过五间五架；五品以上堂舍不得过三间五架，厅厦两头，门屋不得过三间五架，仍通作乌头大门；勋官各依本品；六品、七品以下堂舍，不得过三间五架，门屋不得过一间两架；非常参官不得造轴心舍及施悬鱼；对凤、瓦兽、通栿转轴……公私第宅，皆不得造楼阁，临视人家……有庶人所造堂舍，不得过三间四架，门庑一间两架，仍不得辄施装饰。”

随着时间的推移，建筑中对礼制制度的体现越来越严格，到明代，统治阶级更是采用严刑峻法来推行礼制。明太祖朱元璋在开国之初就说：“昔帝王之治天下，必定礼制，以辨贵贱、明等威。是以汉高祖初兴，即有衣锦绮縠、操兵乘马之禁。历代皆然。近世风俗相承，流于僭侈。闾里之民服食居处与公卿无异。贵贱无等，僭礼败度，此元之所以失败也。”

明代的建造制度更详尽，对于亲王府，《明史》规定：“城高二丈九尺，正殿基高六尺九寸。正门、前后殿，四门城楼，饰以青绿。廊房饰以青黛。四城正门，以丹漆，金涂铜钉。宫殿窠栱攒顶，中画蟠螭，饰以金，边画八吉祥花。前后殿座，用红漆金蟠螭。帐用红销金殿螭。座后壁则画蟠螭、彩云，后改为龙。”

对于公主府第，《明史》规定：“厅堂九间，十一架，施花样兽脊，梁、栋、斗栱、檐桷彩色绘饰，惟不用金。正门五间、七架。大门，绿油，铜环，石础，墙砖，镌凿玲珑花样。”

对于百官府第，《明史》规定：“明初，禁官民房屋，不许雕古帝后、圣贤人物，及日月、龙凤、狻猊、麒麟、犀象之形。……洪武二十六年定制，官员不许营造房屋，不许歇山转角、重檐、重栱及绘藻井，惟楼居重檐不禁。公侯，前厅七间、两厦、九架，中堂七间、九架，后堂七间、七架，门三间、五架，用金漆及兽面锡环。家庙三间、五架，覆以黑板瓦，脊用花样瓦兽，梁、栋、斗栱、檐桷彩饰绘。门窗枋柱，金漆饰。廊庑庖库从屋，不得过五间、七架。一品、二品，厅堂五间、七架，屋脊用瓦兽，梁栋斗栱檐桷，青碧绘饰。门三间、五架，绿油兽面锡环。”

建筑色彩同样具有严格等级制度，作为“隆礼”的手段，“名贵贱，辨等级”。《礼记》载：“礼，天子丹，诸侯黝，大夫苍，士黈。”自士以上，屋楹才能根据等级用彩色，庶民百姓不允许使用色彩，只能使用白屋，诸侯王及达官所居之屋皆施以朱，故曰朱门，或曰朱邸。色彩中有正色与间色之分，正色为青、赤、黄、白、黑，间色为红、紫、缥、绀、硫黄，其等级低于正色。天子的建筑装饰都必须是正色，为了达到色调纯正，在一些建筑物上直接涂刷朱砂、石青等矿物，如战国楚宫的“朱尘”“红壁沙版”，直至元代的“朱砂涂壁”。封建社会把建筑装饰的等级作为礼制的重要组成部分之一，历代典籍对色彩都有严格的限制，同时还制定违式惩罚的条例，使尊卑贵贱的等级制度得到稳定和巩固。明代对生活的管制最严厉，明令“凡官民服色冠带房舍鞍马贵贱各有等第，上可以兼下，下不可以僭上。”洪武三年（1370年），令寺观庵院除殿宇、梁、栋、门窗、神座、案桌许用红色外，其余僧道自居房舍不许造斗栱彩画梁栋及僭用红色什物床榻椅桌。

在中国古代社会，道德准则是维系社会秩序的精神支柱，并成为各类观念的出发点，中国古代建筑同样以崇尚社会伦理道德作为规划和设计的指导思想，将建筑的礼制化、伦理化、秩序化、系统化视为中国古代建筑设计的最高目标。反过来，建筑的礼制化加强了礼制效应，二者相得益彰，互为因果。礼作为一种强大的封建政治伦理观念，对中国古代建筑产生了严重的束缚和阻碍作用，严重影响了中国古代建筑文化的精神面貌和历史发展，《华夏意匠》中言："在建筑上，礼不但一直作为妨碍形式发展的框框，而且对建筑思想产生了一种根本性的局限。"

为了贯彻礼的制度，封建统治者对建筑中违背礼制的各项行为做了详尽的惩罚规定。建筑中的循礼和非礼不仅仅由道德规范，还要用法律的手段实行各种强制措施，违者要受到严厉制裁，甚至处以极刑。《春秋繁露》有《服制》篇，《唐律疏议》有"舍宅车服器物违令"，《大明律》《大清律例》都专设"服舍违式"的惩罚条例。

《唐律疏议》卷二十六《杂律》中，对于舍宅车服器物有这样的规定："诸营造舍宅车服器物及坟茔石兽之属，于令有违者，杖一百。""王公以下凡有舍屋不得施重栱藻井。""舍宅以下违犯制度，堪卖者须卖，不堪卖者，改去之。若赦后百日不改及不卖者，还杖一百。"

《大明律·礼律》载："凡官民房舍、车服、器物之类，各有等第，若违式僭用，有官者杖一百，罢职不叙。无官者笞五十，罪坐家长。工匠并笞五十。若僭用违禁龙凤文者，官民各杖一百，徒三年，工匠杖一百，连当房家小起发赴京籍充局匠，违禁之物并入宫。"

营造规定："凡军民官司有所营造，应申上而不申上，应待报而不待报而擅起差人工者……若营造计料、申请财物及人工多少不实者，笞五十，若已损财物或已费人工，各并计所损物价及所费雇工钱，重者，坐赃论。""凡造作不如法者，笞四十……工匠各以所由为罪，监当官司各减三等。"据《明史·廖永忠传》，德庆侯廖永忠僭用龙凤花纹，被处极刑，营建殿堂的中等工匠，误报上等工匠，几乎全部处死。封建法律对犯法官员有优容的惯例，但在这一点上例外，有官职的比无官职的加倍处分，力图督促官员成为循礼的表率，把可能发生的僭越，从生活领域中清除。

《大清律例・工律》中对擅造作者的惩罚同明代一样："凡造作不如法者，笞四十……不堪用及应改造者各并计所损财务及所费雇工钱重者，坐赃论。其供奉御用之物加二等。工匠各以所由，为罪局官，减工匠一等，提调官吏又减局官一等，并均偿物价工钱还官。"对于造作过限，《大清律例・工律》规定："凡各处额造常课段疋军器过限不纳齐足者以十分为率，一分工匠笞二十，每一分加一等，罪止笞五十，局官减工匠一等，提调官吏又减局官一等。若不依期计拨物料者，局官笞四十，提调官吏减一等。"

在整个中国封建社会发展的过程中，统治阶级的典章制度和道德规范始终贯穿着某种礼制，它渗透到社会各个方面，并对整个汉民族文化的形成产生了巨大的影响。礼最初只是习惯，发展到后来，就成了条文规定。礼制、礼律、礼教、礼治从不同的角度和层次表述礼的内容和功能，礼成为无所不包的社会生活总规范，它融习俗、道德、政治制度、经济制度、婚姻制度、思维准则为一体，以最强劲的意识形态规范人们的生活行为、心理情操和是非善恶观念。

（二）斗栱的礼化

斗栱几乎是伴随木构建筑同时出现的檐口部位的构件，是建筑等级、地位的标志物件。发现最早的一件表现建筑形象的铜器是"令"，铸于西周成康时期，器座四角有四柱，柱头有栌斗，栌斗间有横楣，楣上有矮柱，表明这种构件至迟在周代已经在建筑上使用。到了汉代，斗栱不仅见于各种文献，还见于东汉的石阙、崖墓以及明器、画像砖等建筑中，斗栱的使用逐渐普遍。这时，斗栱的结构机能是多方面的，既用于承托屋檐，也用于承托平座，同时也是建筑形象的一个重要标志。从东汉到三国时期，斗栱的发展已非常成熟，使用范围也相当广泛。斗栱结构有些在栌斗上置斗，有些则将栱身直接插入柱子或墙壁内，或在跳头上再置横栱一至二层，承托屋檐。斗栱的形制简朴，其组合以一斗二升最为普遍，一斗三升次之。从仿木造的汉石阙上看，斗栱做法比较简单，仅在斗上伸出横栱以承托檐枋。魏、晋、南北朝时期的斗栱形式逐渐丰富起来。敦煌石窟的窟檐保存着几个单栱遗构，大同云冈石窟的第一窟和第九窟也有斗栱的形象，太原天龙山第十六窟前门有一斗三升之制和人字栱，栱头卷刹刻锯齿形卷瓣，人字栱的形制已改变了北魏时期的直线，而缓和成弧线。

唐代是斗栱发展的重要时期，已有向外出跳的华栱，西安大雁塔石刻图、敦煌壁画中都有唐代斗栱的形式，现存实物可以从五台山南禅寺和佛光寺的唐代建筑中领略其风采。南禅寺的斗栱用材大，三间殿宇的使用材约为宋代七间殿宇的使用材，斗栱的高度几乎等于屋身高度之半，斗栱栱头上的卷瓣都是五瓣，斗栱造型趋于理性化和规范化。现存唐代建筑佛光寺的内外柱头处和柱与柱之间都设有体型庞大的斗栱，尤其是外檐斗栱，充分体现斗栱技术与艺术造型的纯熟程度，斗栱承挑着屋檐，在屋檐的衬托下，浑厚壮丽的斗栱风姿得到完美的体现。斗栱本身形成了独特的形象，对建筑空间结构的构成起着非常重要的作用。另外，在斗栱组成中出现了昂，即斗栱中向外伸挑出的斜向承托构件，以昂为悬杆，以斗栱为支点来承担前檐荷载，其前端支撑屋檐重量，后尾压在大梁下起平衡作用，使出檐更深远，受力更合理。昂的主要作用是调整斗栱铺作的高度。

宋、辽、金时期的斗栱高度存在着大小不一的现象，现存许多建筑实例中可以见证。元代柱头之间使用了大小额枋和随梁枋，加强了梁架本身的整体性，斗栱不再起结构作用，逐渐缩小为等级标志物。金元以后，斗栱偷心造已绝迹，明代全部为计心造做法。

斗栱构件的尺寸走向规范，并形成一种单位，成为营造房屋以及加工其他构件的基本尺度，因而形成了古建筑的模数制，简化了建筑设计程序，并为估工估料、预制加工带来极大的便利。另外，斗栱在协调建筑物的整体与部分以及部分与部分之间的和谐关系方面起了重要作用，这种方法一直延续到明清。宋《营造法式》卷四《大木作》第一条就开宗明义地说道："凡构屋之制，皆以材为祖，材有八等，度屋之大小，因而用之。"大木结构的大小、比例"皆以所用材之分，以为制度焉"，除了用"分"为衡量单位外，又常用材本身之广和契广作为衡量单位，栔广6分事实上就是上下两层栱或枋之间斗的平和欹的高度，以栔计算就是以每一层斗和栱的高度来衡量，建筑构件的大小、长短和屋顶的举折都以材为标准来决定。

第二章

形式——洞穴

第一节 黄土窑洞赋予了人类进化的机缘

一个物种的变异或进化是以这个物种内因的变化为基础的，但是，只有内因而没有外因就不能激发内在的变化。所谓外因，即物种存在的自然界的环境条件，在外界条件没有变化的情况下，就不能引起物种本身的退化或进化。[1] 达尔文的进化论更进一步论证了这个问题，1859 年，达尔文出版《物种起源》，他在书中陈述了进化论学说，但达尔文起初并没有把他的理论运用到人类祖先进化的问题上。1863 年，赫胥黎发表了《人类在自然界的位置》，论述了人类与猿的亲缘关系，提出了人猿同祖论。达尔文接受了这一论断，并详细将进化论运用于人类起源的问题上，提出了人和类人猿同祖，人类是由类人猿进化而来的。关于类人猿进化到古人类以至怎样进化到现代人，达尔文等一大批人类学家都不能解释这个问题，恩格斯曾经明确指出："甚至达尔文学派的最富有唯物精神的自然科学家们还弄不清人类是怎样产生的，因为他们在唯心主义的影响下，没认识到劳动在这中间所起到的作用。"这里所指的劳动应当是以大脑为动力，运动肢体操作对生存有关的事情，使用天然的或制造的工具进行的有明确目的的工作。通过劳动激发脑细胞趋向有利于生存方向的定向发展，促进了从猿到人的进化。猿人之所以要劳动，是因为地球上发生了重大的事件。

[1] 毛泽东．毛泽东选集：第一卷［M］．北京：人民出版社，1944.

240 万年前，第四纪冰川期到来，地球气候由暖变冷，森林植被被大面积破坏，地表大面积暴露在外，其表面风化的砂石碎屑，在风力的作用下，被搬运到现在的北纬 30° ~55° 的地带，即我国黄河流域的大西北地区。在我国，黄土面积有 44 万平方千米，尤其在黄河中游地区，黄土连续覆盖面积约 27.3 万平方千米，形成巍然壮观的黄土高原。

黄土是由非常细小的黏土颗粒和一些其他矿物质组成的。通过风力以粉尘的形式散落在黄河流域，经过百万年的搬运和堆积，其土层厚度可达 200 米。这个时候，这些事件对早期人类活动产生了巨大的影响。刘东生先生所著的《中国的黄土堆积》详细描述了气候变化引起的环境改变。

图2-1-1 山西芮城匼河文化遗址

图2-1-2 山西芮城西侯度文化遗址

第四纪冰川期的地势与今天之差别微乎其微，但气候和自然环境却迥然不同。那时的气候由暖变冷，寒冷的气候使猿人的生存受到了巨大威胁，为抵抗寒冷，猿人挖洞掏穴，为躲避寒冷生存了下来。

百万年以前，在黄河拐角的左岸——山西芮城一带，人类活动繁盛一时，发现的旧石器地点有 70 多处。此外，山西旧石器时代早期的旧石器地点，在晋南、晋东南以及吕梁地区都有发现[1]。

[1] 山西考古研究所．山西旧石器时代考古文集［M］．太原：山西经济出版社，1993.

第二节　修建黄土窑洞锻炼了人类的四肢、提高了智力

冰川期的季风携带着黄沙散落在黄河流域的广阔地区，每年黄土粉尘的散落厚度至少有 1 厘米。经过逐年堆积，在万年以后，其堆积厚度可达百米以上。堆积的黄土层土质颗粒疏松，具有开挖成穴的特性。黄土层洞穴可维持在 16℃，这是人类赖以生存的温度，猿人正是利用了洞穴这个温度生存下来。

显然，洞穴是进入地层中获生存空间的简单易行的办法。在冰川期，可能存在因自然作用而形成的洞穴，猿人进入里面避寒是可能的。问题是，如果猿人冬季住天然洞穴就回避了劳动，没有劳动过程，猿就不会异化四肢，智力也得不到提高。那么，猿人将不能完成进化。

这个时期，猿人的情况正如《辩证唯物主义原理》所指出的："比较高级的猿类已经能够利用天然的棍棒和石材猎取食物、袭击猛兽，在这种活动中孕育着劳动的萌芽，但这还不是劳动，它仍属于适应环境的本能活动。和一般动物不同，人类为了自己的生存已不再单纯地适应环境，而是开始改变环境，使之适应自己的生存需要。生产劳动是改变环境的基本手段和活动，人就是在这种改造客观环境的劳动中形成的。"猿人所处的自然环境气候寒冷，在这种外界条件的逼迫下，不得不通过劳动建造洞穴，艰苦地生存，进而完成进化。

第三节　建造洞穴

图2-3-1　古人开挖横穴的方式图

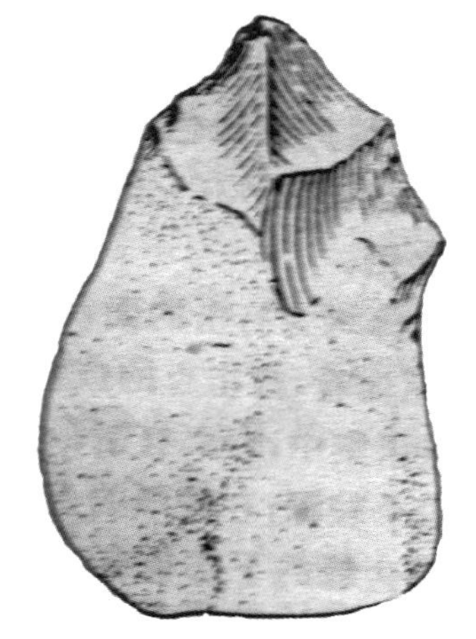
图2-3-2　西侯度文化遗址发现的100多万年前的挖掘工具三棱大尖状器

一、黄土窑洞是最早的建筑

黄土具有的良好的整体性、适度的松软性和易形成陡壁等特性，使古人类只需使用简单的石器工具便可在断崖上开挖洞穴。

三棱大尖状石器的发现是古人类开挖洞穴的主要证据。这种工具由手握方便的石片制成，器身具有三面和三棱，断面呈三角形，最早出现在距今180万年前的西侯度遗址中，长约15.5厘米，宽10.5厘米，重1365克，是中国旧石器时代的一种挖土工具。此外，在距今100万年左右的蓝田人遗址中也发现这种工具。蓝田人的大尖状石器出土于公王岭含人头骨化石和石器的地层中，器长17厘米，最宽处9厘米，最厚处6.2厘米，以石英岩砾石制成，形状一头尖一头厚钝，断面呈三角形，尖端突出，显然，使用部分在尖端。

考古学界对这种工具的用途有较为一致的看法，认为是一种挖掘土的工具，但有些学者认为它仅仅是一种挖掘植物根茎的工具，试想，100万年前的气候凉爽，四季分明，冬季的气温在-25℃以下，地面冻结深度在1米以上，正是食物紧缺的时候，使用这种原始的石器工具是很难从地底下挖掘到可食用之物的。而在夏季，地表以上的食物足以充饥，没有必要挖掘土层内部的根茎之类的食物。那么大尖状器是什么用途呢？只能这样推测，其主要是用来建造栖居之所的。就当时的环境而言，最有可能的就是挖掘黄土洞穴，古人手握尖状器厚重的一头，用尖端挖土，是最得心应手的工具。由于这种工具的大量出现，可以认为在 100 万年前，中国西部地区原始人类已经用石器挖掘黄土洞穴了。

黄河中游地区是中国黄土分布的中心，这里黄土厚度大，分布完整，基本上覆盖了古老的岩层，形成了塬、梁、峁等不同的黄土地貌。这种地质结构最适宜人类开挖洞穴。最早的洞穴是横向挖掘的，只有这样，才能把掏出的黄土以最省事的方式运出来，那时的横穴应该相当于现在的土窑洞。100 万年前开始形成的以大型石器为特征的“匼河—丁村系”，是一种以大三棱尖状器为典型器型的文化，大多分布于黄河中游的黄土高原和汾河流域[1]。根据旧石器时代早、中期文化的时间和空间分布来看，三棱大尖器集中出现在这个时期和地域绝不是偶然的，与这个地域有着丰富的黄土资源，适宜开挖洞穴供人栖息是分不开的。

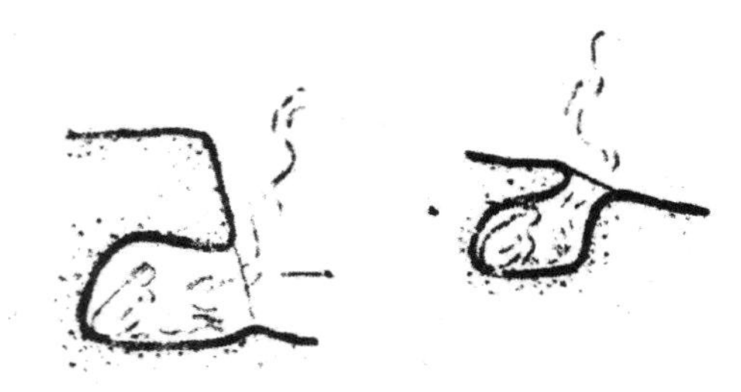

图2-3-3　古人类挖掘的洞穴示意图

二、竖穴建筑是智人阶段的产物

人类经过数百万年的生产、生活实践，不仅适应了生存环境，而且改变着自然环境，生产技能有了长足的进步，活动范围也扩大到整个黄土高原地带。以丁村遗址为代表的大型石器文化中，三棱大尖状器、砍斫器、刮削器、石球等比较稳定的器形大量出现，并且出现了手斧、石锯等能够加工木

[1]　山西考古研究所. 山西旧石器时代考古文集［M］. 太原：山西经济出版社，1993.

材的工具，标志着原始农业活动范围的扩大，使人们从山坡、河畔高崖等高阜之地迁移到平坦地区生活居住。人类使用工具砍伐林木，掌握了绑扎树木枝条搭接窝棚，在平地上建造住所的技术，但这种简陋的窝棚在冬季仍是难以抵抗严寒的，为了抗寒还必须在窝棚下挖掘竖向洞穴，在洞穴中过冬御寒。因此，竖穴、半地穴应运而生。这种由横穴向竖穴的发展是人类由山区发展到平坦地区的特殊条件下形成的，也是在没有山崖土坡的平坦地区建造居所唯一可行的方式。

三、结论

源于横穴（土窑洞）的穴居形式，大量存在于定居后以农业为基础的新石器文化中，并形成原始的房屋、村落。新石器时期的穴居、半穴居和地面建筑，主要发现于黄河流域的中上游地区，这一带的黄土层广阔而丰厚，主要为马兰黄土，其地质构造为大孔性并呈垂直节理，既易于挖掘，又能长期壁立而不倒，因而能在人类进入农耕经济时代，生活上提出定居要求以后，在黄土地带广泛流行。

黄土地带的断崖，是掏挖横穴的理想地貌，而且横穴的建造，不需要复杂的技术，就能够保持黄土的自然结构，比较牢固安全。不仅有遮风避雨的功能，而且上覆很厚的黄土，室内温度可达 16℃，帮助人类度过了漫长的冰川期。

综合更新世时期古地理、古气候、生态环境的变化，史前考古学遗存、黄土堆积的形成等方面的科研成果，可以做出如下的判断：

（1）黄土洞穴拯救了人类，人类居住窑洞的历史至少已有 100 万年的历史；

（2）黄土高原地区是人类的发源地；

（3）开挖洞穴是人类进化的机缘；

（4）三棱大尖状器是原始人类开挖洞穴的主要工具；

（5）竖穴是人类发展到智人阶段的产物，对中国古代木结构建筑的形成和发展有着重要的影响。

第四节 文明的脚步

一、直线行为和“一”

在远古人类生产和生活实践活动中，是以付出最小的体力，最少的时间，获得最多的生活资料为目的的，往往以直线的行动方式去索取，也许这就是生物界的本能。

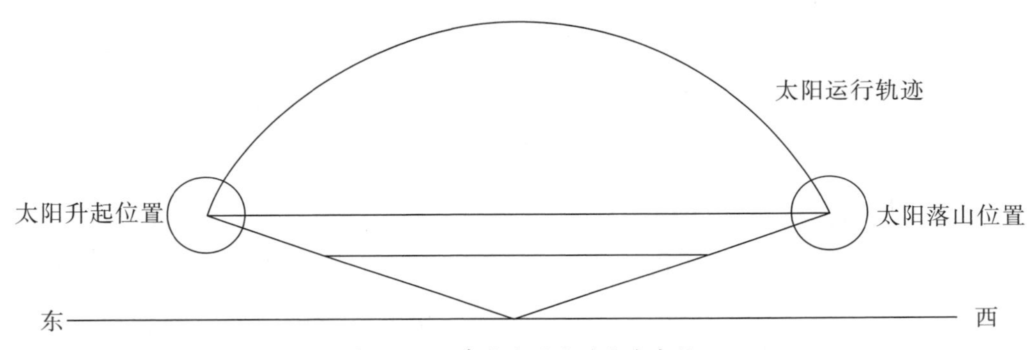

图2-4-1 东方和西方的方向定位

在远古的时候，先民们对距离长短的概念是模糊的，等长的线段容易认识，因为那个时候没有数字的概念，而只有相等长度的概念。把复杂化简为“一”，“相等”这个概念开始在原始部落中直接地体现出来。而实际操作画出一条线的线型是在确定方向和方位过程中，有测量观念以后发生的。

二、方向的概念

在最初的人类视野中，遥远的天际只有太阳升起和降落。太阳早晨从地平线上升起，晚上又在地平线上消失，这可能成为原始辨别方向的坐标。从太阳升起的位置到太阳降落的位置画出一条直线，这条直线指向太阳升起的一端，称之为东方；直线的另一端，称之为西方。认识东方和西方是文明开始的标志。

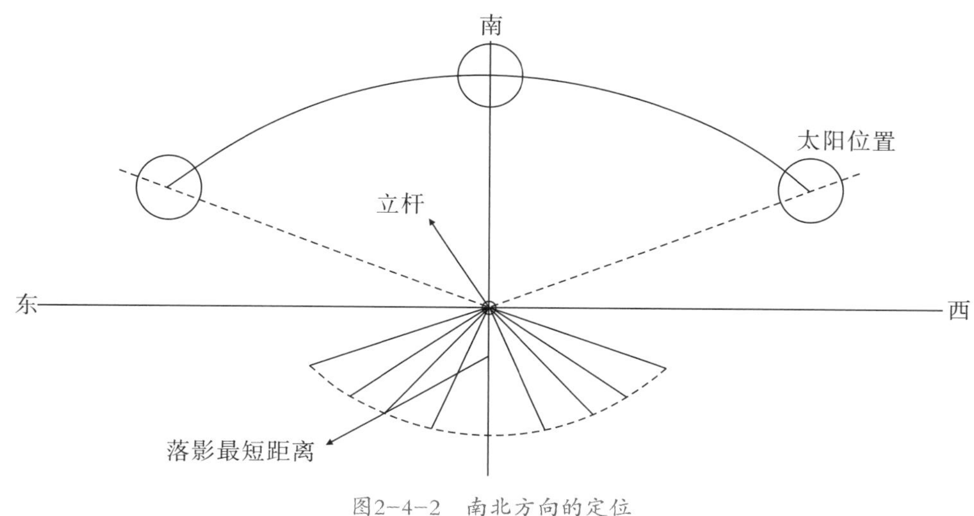

图2-4-2 南北方向的定位

三、方向的定位

人的活动是多方位的，仅知道东西向是不能完成地面活动的。当先人获得更多的实践知识以后，会发现一天之中设定的木杆落影的轨迹线，其中有一条最短的落影，这条线具有唯一性。沿着这条线画出一条长延直线，就是南北方向。认识南北和东西两个方向，就能说明一个区域和住址的位置。

河南省杞县鹿台岗遗址曾发现一组龙山时期外室包围内室的建筑，墙体宽 0.2 米，西面和南面各设门道，基址高出周围门道约 1 米。室外呈方形，边长为 6.5 米，其内为一直径 4.7 米的圆室，圆室有两条垂直相交，与太阳经纬方向一致的十字形硬黄土带，带宽 0.6 米。其东北 33 米处还有一组祭坛，中间是一个直径 1.48 米的大圆土墩，10 个直径 0.65 米上下的小圆土墩，均匀环列周围，似与原始“十日”崇拜和揆度日影以定建筑坐向的祭祀有关。可以看出，龙山时期建筑仪式中的正位和奠基是以太阳定向的。

四、科学的 90°

在一个图形中，四个边相等的直线互交垂直，这就是直角，在古人眼里，只有直角才能组合成相同的地块。利用直角策划宅院，房屋定基度量。由方向衍化而来的直线相交垂直的 90° ，不仅是井田制的划分方式，而且是商以后四合院落的形成基础。房屋组合中的“间”，更严格地遵守了 90° 这个角度。线段相等和 90° 组成的方格是一种最简单的度量，其中没有数的累计。

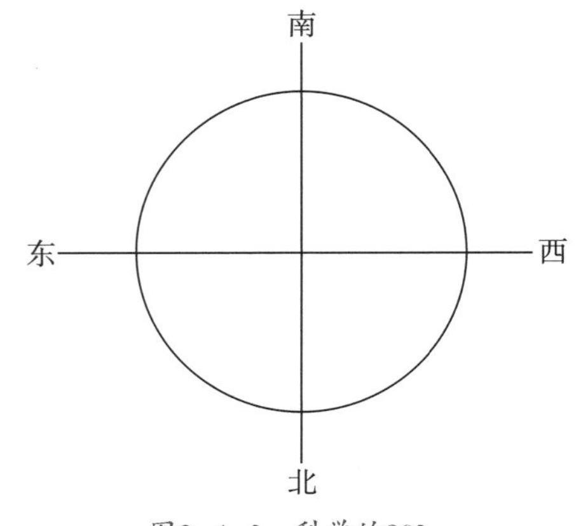

图2-4-3　科学的90°

五、井田和四合院

（一）边界的意义

周代以前的原始社会存在一种公平的土地分配制度，作为农业的耕作秩序，每一位劳动者应有一定的工作范围，即耕作范围的边界线。

边界是古人在文明进程中一种确定区域范围的手段。生物界的边界意识只是大致划分出活动的范围，没有明确的量化概念。人类一步步走向了文明，对场地使用需要明确界限，可以说，边界是从农业生产中田地归属而诞生出来的，如果按社会文明程度来推理，土地边界的产生应该是夏代以前。

井田制度是一井八家，一夫百田，九百亩成数，虽然是一种理想化的图式，但应是真实存在的。在广阔的平原地区，既然采取这种分田方式，说明划分边界是土地分配需要的产物。关于“井田”，有文献记载是在夏代之初，少康逃奔到有虞氏，在纶邑集结力量，《左传·哀公元年》记述：“有田一成，有众一旅。”《周礼·考工记》曰：“九夫为井”“方十里为成”“方百里为同”。《孟子·滕文公上》记：“方里而井”，即一井为一里，“方十里为成”就是百井，少康有了百井的土地。这是夏代“井田”的证据。

（二）井田是正方形的

夏商时代分配田地的井田制度是八家等分土地，采用了九宫格的划法，九块土地每块面积相等，东西为纬、南北为经的经纬垂直的划分手段，每块土地是正方形的，这样，才能取得最佳的土地使用面积。

因为井田制明确规定八家共井，如果地块四边不均等，就产生了长方形地块。这样的地块会产生离井远近的情况，有的地块会离井近，有的地块就离井远，对井的使用会不均同，存在不合理性。

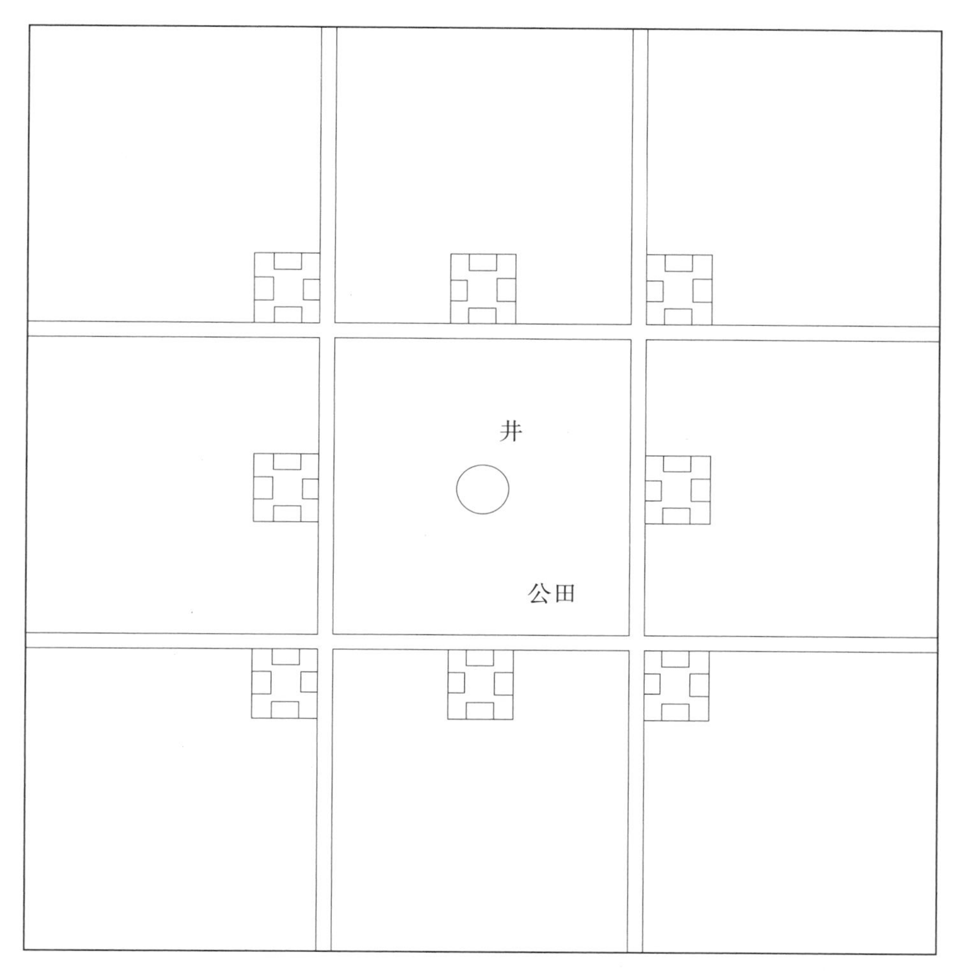

图2-4-4　井田制度推想图

（三）田户院落是建在近井边侧的

八家共井，说明井是居民生活之源，它有生活饮用和灌溉农田的双重作用，由此推测：夏以前就存在水浇田，这必然是远离河流、湖泊，在平原耕作的布局方式。

井田制中的井，我们推测不仅用于浇农田，还用于生活饮用。这说明，存在井田制土地使用的居住院落关系是八户为一聚落组，八户共用井水，农户在接近井田侧设置宅院。用四正四隅的布置方式，每户到井边有相同的距离。

（四）四合院

在这种情况下，根据当时可能的测量方法，需要采用一定长度的“仗杆”作为一个相等的单位，这个单位可能就是“间”，由几个“间”组成一栋房屋。确定一栋房屋的房基是要和井田的边界线产生联系的，这样会出现和井田边界平行的相似形，这种和井田相似的宅地，应该是四合院的原始形式。原始的四合院是围合起来的，以边界为基准，每栋房的后墙体坐在边界上，从而得到最大的院落空间。住房和住房以外的室外空间组成宅院。

（五）“间”的组合

古建筑都是以“间”为单位组合成的一栋建筑。“间”的面宽与梁架椽檩的设置有直接关系。房屋分别建在四合院的四周，成为四合院的形式，各间的四角均为 90°，不仅便于“间”的组合，又能满足屋顶构件的最佳优化。房屋的后山墙坐落在院的边界上，目的是争取院落的室外空间，房子围合在院的边墙四周，而室外空间是周围房屋共有的，这是提高利用率的表现。更重要的是，它是亲情化的表现，方便一家人的沟通。

从考古发现的商周时期遗址可以看到，当时已在前后山墙等距离设立柱子，已有“间”这个单位的雏形。

（六）屋顶梁架的规则

“间”和“间”之间设立柱，说明设有支撑屋顶的横梁，梁以最短的长度搭在柱顶，这需要前后山墙垂直放置，而开间是按柱距和横梁的最短距离划分的。檩的放置垂直于梁，椽的放置垂直于檩，目的是采用搭设构件实现最短的长度，并满足铺设屋顶的要求，达到用“间”组合成房屋的目的。

早在夏以前，农耕文化便已出现，出现了新郑裴李岗文化，到仰

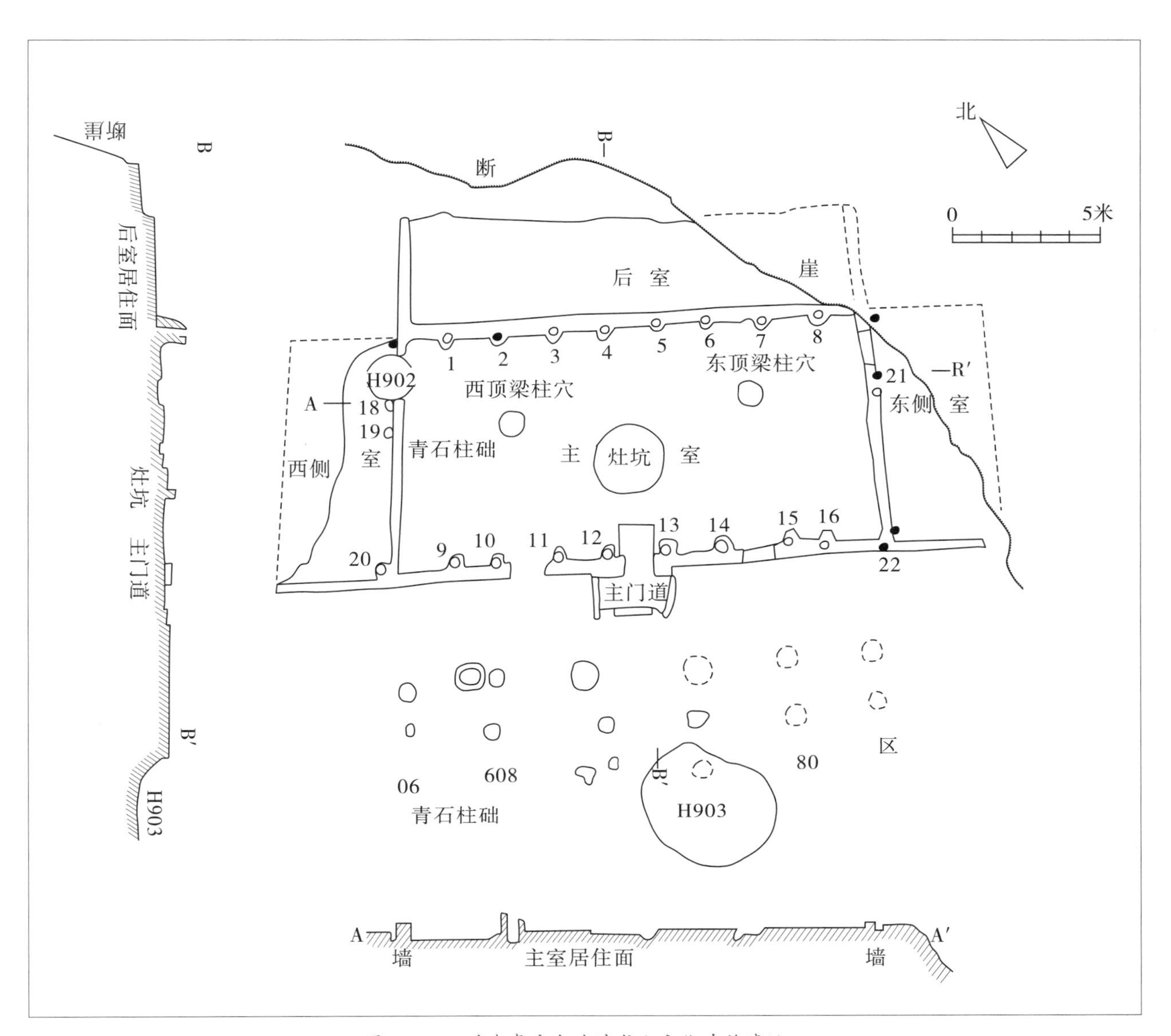

图2-4-5 甘肃秦安大地湾龙山文化建筑遗址F901

韶文化时，农业更加发达，先民们的居址聚落有更加密集的趋势，发现的仰韶文化遗址有 200 余处，仅在龙山文化时期的河南汾阳白营遗址 1400 平方米的挖掘范围内就清理出 62 座遗址。聚落分布最初是分散的，后来出现了中心聚落，并在此基础上产生了城。正如《史记·五帝本纪》所云："舜，一年而所居成聚，二年成邑，三年成都。"正反映了聚落—城市—王都的发展过程。

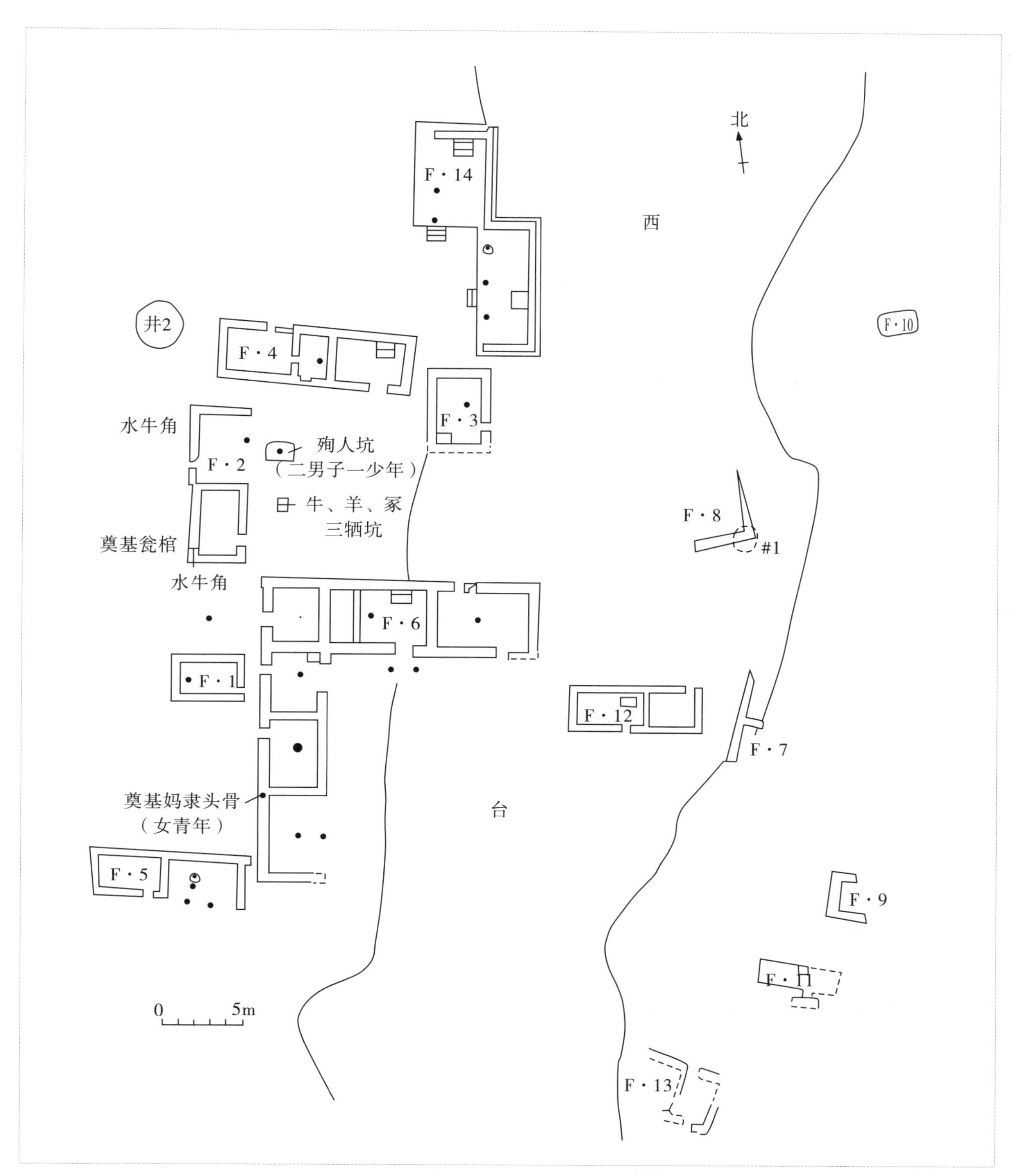

图2-4-6　河北藁城台西村商代中期聚落遗址中房屋的间与间组合

第三章

史前建筑

第一节 旧石器时代

“人猿相揖别”，当人类有意识地制造出第一件石器，才使其和一般动物划分开来。正如恩格斯所说：“没有一只猿手曾经制造过一把即便是最粗笨的石刀。”用石器制作工具的时代，考古学家将它划分为两个阶段：第一阶段的石器是打制的，称为“旧石器时代”；第二阶段的石器是磨制的，称为“新石器时代”。

石器是人类最初赖以生存的物质文化，按照马克思主义历史唯物主义的观点，物质文化就是生产力的物质表现。所以，对石器的研究不仅是揭发原始社会发生、发展和解体，同时，还是了解当时人类获取“食”“住”和“衣”等行为的重要资料。就旧石器时代而言，当时人的经济生活，主要是渔猎和采集，“食”是第一位的，而栖身之所的“住”和被体的“衣”是第二位的。按照历史唯物主义和原始社会的经典作家摩尔根等人的说法，旧石器时代是人类社会的蒙昧时期，还停留在自然选择的方式上，如《易经》所云：“穴居野处”，即战国诸子所谓的“穴居”“巢居”，便是他们主要的栖居方式。而有意识地建造房屋居住，则发生于野蛮时代——考古学上称为“新石器时代”，人类开始主动地对天然产物进行加工。这一阶段从建筑学的角度看，即是从猿人的“穴居”“巢居”到地面建筑，这一漫长的历史过程。“住宅建筑本身与家族形态和家庭生活方式有关，为人由蒙昧社会进入文明社会的过程写照”[1]。可见，建筑的确是衡量文明的一个重要文化因素。

[1] 摩尔根．古代社会［M］．北京：商务印书馆，1997.

所以从这个意义上讲，对从旧石器时代到新石器时代和铜石并用时代的中国古代建筑的研究，有助于探索和寻觅历代建筑形式的发展脉络，以及技术工艺水平，反映出人类社会进步的历史进程。

一、旧石器时代人类的栖居方式

我国发现的旧石器时代包含了各时段的人类化石，可以说基本上构成了一条相对完整的人类进化链，为探讨中国人类起源、进化提供了丰富的论据。

中国旧石器时代猿人的进化链，除1965年云南发现的距今300万年至150万年的，已知用火的元谋人外，还在山西自20世纪50年代以来，发现了旧石器早期、中期和晚期的文化遗址300余处。从中可以清晰地看到人类由猿到智人、新人这一完整进化链的步迹，代表性的遗存有以下几处：

距今约180万年的山西芮城西侯度旧石器时代遗址，位于中条山麓向阳面之黄河缓坡黄土丘陵地带，那里有山、水、平原和森林，唯没有发现人类化石，但在地表以下70米的砂砾层更新世第四纪地层中，出土了人工打制的砍砸石器和与之伴生的披毛犀鸵鸟、剑齿、象、山西轴鹿等动物化石。从发现的许多动物化石中看，大多是暖温带的动物种类。说明在二三百万年前，这里的气候是温暖的。

距今150万年至40万年前的匼河遗址也位于芮城中条山麓，地质年代属更新世中期。在这里的砾石层中发现不少石器和伴生的动物化石。石器的种类多见三棱大尖状器和投掷用的大型石球，石器比起早期西侯度遗址进步得多。动物化石多见德式水牛、肿骨鹿、野猪和三趾马等。这些动物的习性也反映着这里的自然环境，有森林、草原和水域，同时表明这里的气候曾有过较大的变化。

中期旧石器遗址以著名的丁村为代表。丁村旧石器遗址位于晋南襄汾县的汾河沿岸，年代为距今二三十万年前，地质年代属晚更新世早期。在这里发现了早期智人的化石及许多石器。石器仍是以三棱尖状器为主，与之伴随的动物化石，有猪、熊、野马、野驴、野牛等。

据以上西侯度、匼河丁村的旧石器时代早中期的文化和与之伴生的动物种类，以及生产、生活的石器可以真切地看出，西侯度遗址面

图3-1-1　山西芮城西侯度遗址和出土石器、动物化石
左　山西芮城西侯度遗址
中　1962年出土砍石器
右　披毛犀头骨化石

图3-1-2　山西陵川塔水河遗址

临大河，背向黄土丘陵，可谓林木深深、草原甸甸、有山有水。丁村遗址的地理位置也可谓是山水丘陵联结、汾河滚滚、湿地片片、草原茂盛、土肥水美。通过这两处旧石器遗址发现的物质文化和自然景象，可推断远古时期的西侯度猿人和丁村智人的生产、生活方式主要是渔猎和采集。

二、旧石器时代晚期的洞穴遗址

1985 年，山西省考古研究所曾在晋东南陵川县塔水河发现一处洞穴式遗址。该洞穴为距今 2.6 万年的旧石器晚期人类栖息遗迹。洞穴呈岩棚式，形式是上部突出，底部后缩，犹如房屋的出檐，岩洞长约 35 米，底部深 10 米许，棚底是由顶部崩下来的石灰岩块组成的。在距地面 11 米的堆积层中，出土有人的头盖骨和大量的哺乳类动物化石以及许多人类加工的打制石器，石器有尖状器、刮削器、锥钻器，同时还有很厚的灰烬与烧骨。这种岩棚式的洞穴，是目前山西唯一发掘的一处，未经人的加工改造，利用天然岩洞为旧石器晚期人类居住。其遗存正是上古人类“穴居”情景真实生动的例证。

至于远古人类“野处”的遗址，尤引人注目的是20世纪80年代以来，在晋西北吉县柿子滩发现的距今 2 万年至 1 万年前的旧石器时期晚期遗址。据报道，这里以柿子滩为中心，在清水河下游两岸 15 千米的范围内，散落着 25 处以上人类聚集的生活层面地点的遗址。在“五处旷野用火的遗迹处，便有 3000 余件遗物和穿孔装饰品”[1]，其中，第 9 地点埋藏遗址中，挖出 2000 余件石制品，除有野马、野山羊的动物化石外，还有柿子滩人活动层面及 4 处用火场面。用火场面保存较好的为 14 号地点，在这里有 5 处以上用火遗址，有的用火场面有在燃烧处用土块圈围起来的“火池”，起保温取暖、聚火、加大火势炊事烧烤的作用，也是一种保护火种的措施。

柿子滩旧石器时代遗址群里发现的遗存，对建筑学术界进行关于远古人类的栖息地的研究具有重要的意义。

---

[1] 石金鸣．吉县柿子滩旧石器遗址群考古取得新进展［N］．中国文物报，2002.

第二节　新石器时代的穴居、巢居与木构建筑

大约在公元前1万年，气候开始变暖，人类从旧石器时代进入了新石器时代，由过去攫取天然产物的掠夺形式转向种植业和畜牧业，为人类群体集结聚族而居和住房的发展进步打下物质基础。

一、穴居和巢居的历史文献记载

新石器时代人类的居住形式，已走出过去旧石器时代的洞穴或岩棚，向穴居、巢居和地面建筑发展，这与文献记载和考古发现的遗迹大体相符。

《韩非子·五蠹》曰："上古之世，人民少而禽兽众，人民不胜禽兽虫蛇。有圣人作，构木为巢以避群害，而民说之，使王天下，号之曰有巢氏。"

《墨子·辞过》曰："子墨子曰：'古之民，未知为宫室时，就陵阜而居，穴而处，下润湿伤民，故圣王作为宫室。'"

《孟子·滕文公下》曰："下者为巢，上者为营窟。"

《礼记·礼运》曰："昔者先王未有宫室，冬则居营窟，夏则居橧巢。"

战国诸子根据历代人民口耳相传的历史，对这些远古人类居住的形式进行了描述。新石器时代的穴居形式，由于不易于腐朽，其遗存尚有发现。巢居虽未见其实物遗存，但在一些古文字学上，还可窥见它的形式。例如两周金文的"巢"字，20世纪在四川考古发现的一件

图3-2-1　巢居示意图

东周时期的青铜镎，镎上铸一象形铭文，字形作“ ”状[1]，字的形式结构，正是“构木为巢”的写照。据此，有的古建筑学家引此金文，认为古时的巢居就是这种形式[2]，从而可知远古人类在树杈上搭架窝棚居住的形式，便是古人说的“巢居”。至于“穴居”，按其词义，就是在地上或缓坡崖边，竖挖为穴，横挖为窟的建筑，其居住形式在古文献、古文学和考古学上，均有不少的资料说明。如《说文解字》云：“陵，大阜也”“阜，山无石者”。《释名·释山》亦云：“土山曰阜，阜，厚也，言高厚也。大阜曰陵。陵，隆也，体高隆也。”

黄土高原的地形、地貌和黄土的土壤结构，是营造地穴或窑洞“穴居”最好的场所。因此，“穴居”是黄土地区几千年来主要的居住形式，也是这个地区房屋建筑的重要特征。所以我们说，“历史是现实的镜子，现实是历史的影子”，而窑洞建筑正说明了古代的“穴居”形式。

二、前仰韶文化的穴与木构房屋建筑

我国黄河上游、中游的新石器时代的主体文化是前仰韶文化，考古资料表明，农业是当时的主要经济部门，为便于农耕，人们从山前地带迁徙至近河谷的平原地区。因此，人们的房屋住宅，往往大多因地制宜地选择土质疏松的黄土，营造地穴或半地穴式的木构房屋建筑。

前仰韶文化距今约 8000 年至 6000 年。翼城枣园遗址便属于这一时期。[3]

---

[1]　徐中舒．巴蜀文化初论［J］．四川大学学报，1959.

[2]　杨鸿勋．中国建筑史话［J］．文物天地．1987.

[3]　山西省考古研究所．翼城枣园［M］．北京：科学技术文献出版社，2004.

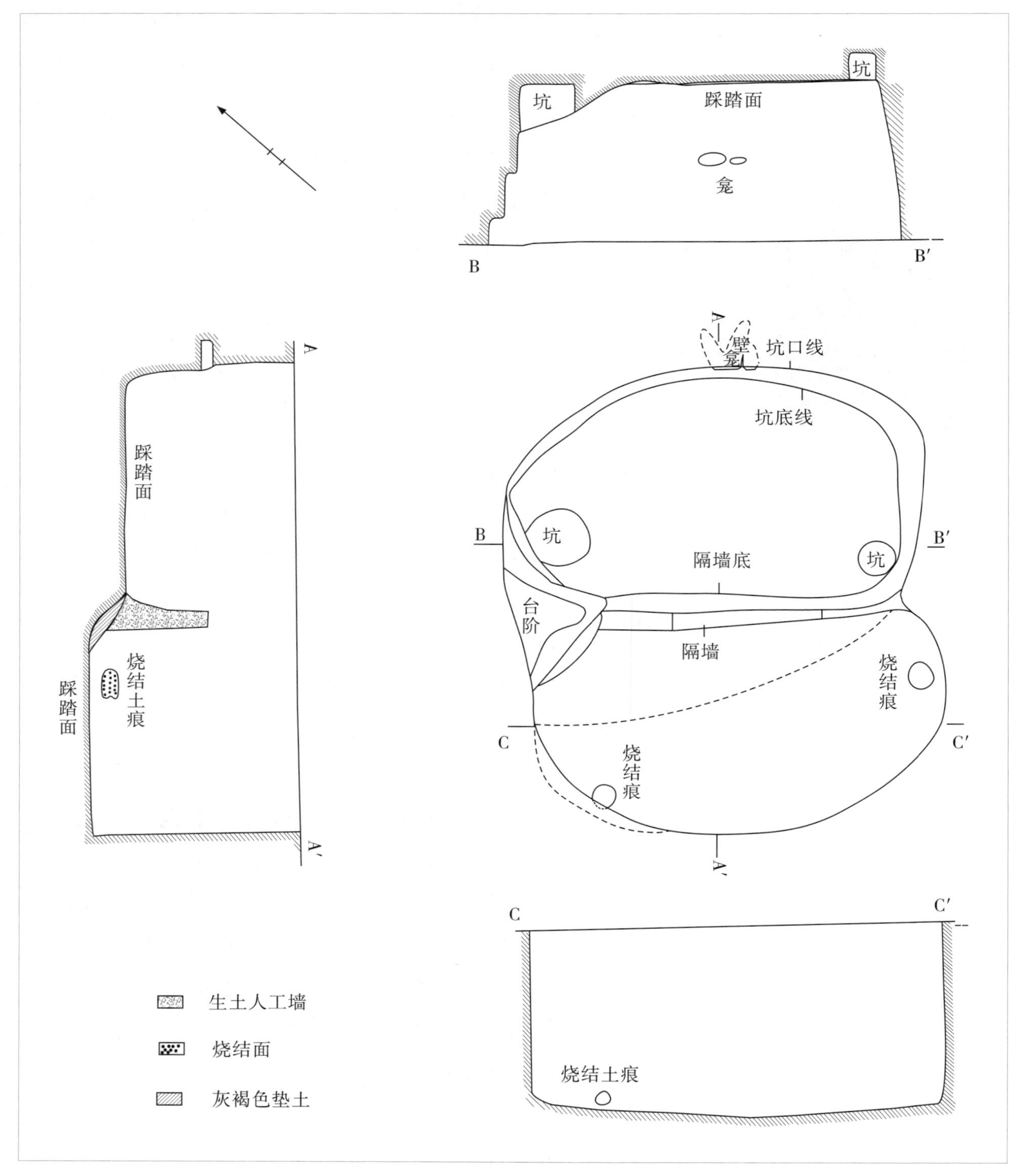

图3-2-2　翼城枣园地穴或房屋平、剖面图

翼城枣园 F1 房址：据报告称，F1 为两个椭圆形土坑并合，呈蚌壳张开状的地穴。

结构：由台阶门道、居住面、穴壁、穴龛和隔墙五部分组成。平面西南到东北长径约 3.4 米，短径 3.4 ~ 3.6 米，穴深度 1.4 ~ 1.8 米，中间分室的生土隔墙高约 1 米。居住面和穴壁平整，有经火烧烤的痕迹。

构造：F1 系竖穴式，在营造方法或技术上，是一种从地面垂直下挖、没有外观形式、建造简陋、不需建材的居住空间的建筑。该竖穴住房的特点是在穴内设一生土墙，将穴一分为二，共享一个门道，分别进入两室。

房屋顶盖的架构：由于穴内仅设一堵较高的生土墙，同时穴口周围也无柱洞。据此所知，其顶盖架构，应是一种在穴口周边斜搭木椽，由中心土墙聚结而成的简陋茅茨。

三、仰韶文化的穴居和半穴居

从前仰韶文化进入仰韶文化的繁荣期，在陕、晋、豫的考古资料中均有所见。当时人类的住房建筑，无论在建筑形式外观、结构上，还是在建材和技术等方面，都有很大的发展，特别在技术上日趋进步，而且遗存也很丰富，凸显出黄土高原房屋居住建筑的地域特征。

（一）仰韶文化的穴居

山西仰韶文化的建筑遗存有很多，主要的遗址有芮城东庄村[1]、翼城北橄[2]、夏县西阴村[3]、洪洞耿壁[4]等多处。这里仅举一处为例。

芮城东庄村 F204：据发掘报告称，F204 形状是椭圆形口大底小的竖穴式。

结构：由门道、居住面和室内储藏窑穴组成，穴口南北径为 5.4 米，东西径为 5.5 米，深 1.8 米。

构造：斜坡门道设在穴之东南处，前宽后窄。居住面为椭圆形，径 3.8

[1] 中国社会科学院考古所山西队．山西芮城东庄村和西庄村遗址的发掘［J］．考古学报，1973（1）．

[2] 山西省考古研究所．山西翼城北橄遗址发掘报告［J］．文物季刊，1993（4）．

[3] 山西省考古研究所．三晋考古（第二辑）［M］．太原：山西人民出版社，1996.

[4] 山西省考古研究所．三晋考古（第二辑）［M］．太原：山西人民出版社，1996.

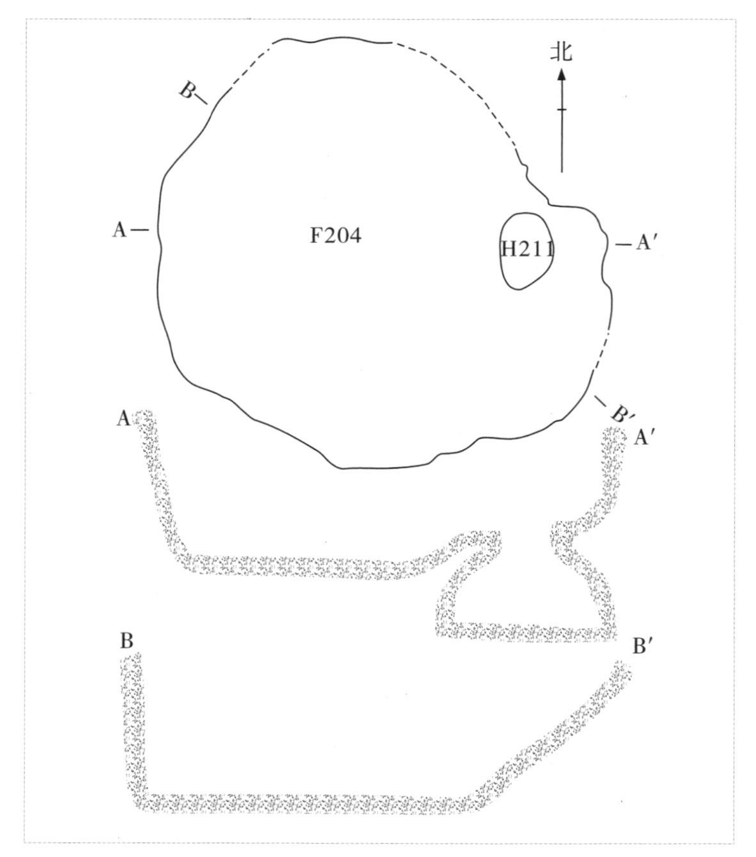

图3-2-3　芮城东庄村仰韶F204平、剖面图

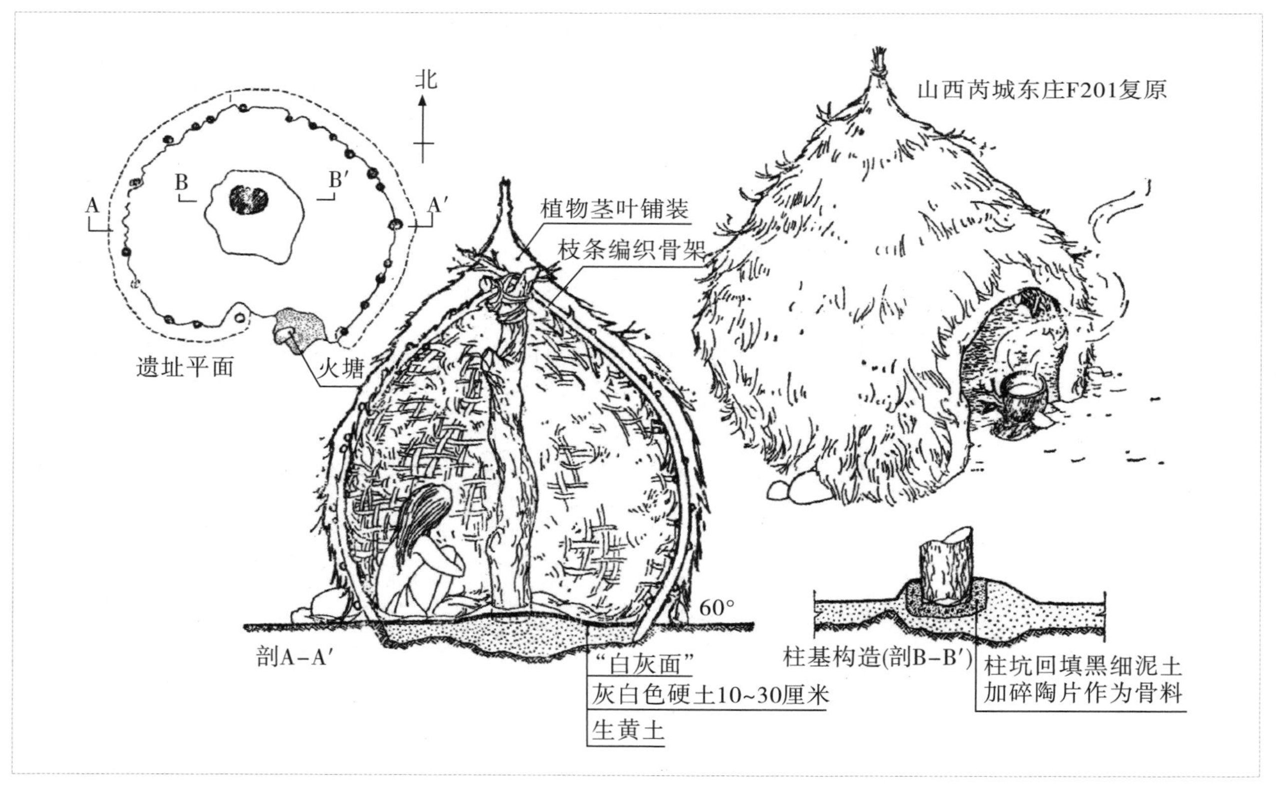

图3-2-4　芮城东庄村F201平、剖面和复原图

至 4.8 米，面积达 20 平方米。面平坦。穴壁较高也较平齐。室内窑穴呈口小底大瓶颈状，高 0.5 米，口径 0.8 米，底径 2 米，壁弧外凸，平底，深 0.86 米。营造方法同上，都是对黄土削减而制造的空间。

功能用途：鉴于穴壁的高度与人的高度相当，且居住面有踩踏过的路土，故该穴应为居住兼贮藏窑穴式的住房建筑。

复原的外观形象：基于上述情况，居住面无柱洞，故其顶盖构架，也应是在穴口周边斜架木椽向中心聚结绑扎，形成茅茨类的房屋。

（二）仰韶文化的半穴居

芮城东庄村 F201 住房：据发掘报告称，F201 是圆形半穴居，但居住面渐接近地面。方向坐南向北，东西径约 1.9 米，南北径约 1.7 米，面积约 10 平方米。[1]

结构：有门道、火塘、居住面和中心柱洞。火塘设在门口的一侧。居住面平整且坚实，厚 10 ~ 30 厘米，在一些凹深处内有灰白色细泥填铺，周边多分布或涂刷一层“白灰”。屋基内和周围发现 22 个柱洞。中央有一个大柱洞，直径 20 ~ 25 厘米，深约 16 厘米，柱洞壁及底都涂黑细泥并以碎陶片拍壁填实。小柱洞 21 个，直径一般为 2 ~ 9 厘米，大致等距离围房排列。这些柱洞的营造，均非垂直下栽，而是以 60° 向外倾斜。

F201 的复原形式：根据该屋各方面的资料或情况，有的建筑学家对它外形的构想，特别对其周围的 21 个小柱洞外倾 60° 的现象观察，认为它的形式应是“穹庐式构架遗址”[2]。该屋上部顶盖是由居住面的长柱支撑周边小木椽聚结绑扎而成的。所以东庄村这座 F201 房屋，它的外观很像“桃形”的土木结构，并接近于地面的房屋建筑。与此同时，还值得注意的是，在 F201 居住面上发现了涂刷的“白灰面”这一考古现象。后来发现在黄河流域中游的豫、晋两省龙山文化中也有出土，并发现烧制这种“白灰”的窑址和凝固成块的“白灰”物质数量很大，其成分应是石灰。F201 发现的石灰遗存，说明石灰这一建材来源很早，

---

[1] 中国社会科学院考古研究所山西工作队 . 山西芮城东庄树和西王村遗址的发掘 [J] . 考古学报，1973（1）.

[2] 杨鸿勋 . 仰韶文化居住建筑发展问题的探讨 [J] . 考古学报，1975（1）.

可以说，它开创了中国古代人工烧制建材的先河，是古人开发利用自然的实例，正如《天工开物》所说："物自天生，工开于人，曰天工者，兼人与天言之耳。"

（三）仰韶文化的"大房子"

在仰韶文化的中晚期，由于农业的发展，促进了手工业的进步和工具的革新。那种减土削地营造的，下部为居住空间和上部为构筑维护结构的地穴或半地穴，是早期房屋建筑的特点，而到了中晚期，这类房屋的居住面上升至地面，形成了有完整木结构的"大房子"。目前发表的资料主要有：甘肃秦安大地湾[1]、西安半坡[2]、陕西临潼姜寨[3]、河南灵宝西坡[4]、山西洪洞耿壁[5]。

在这几处遗址中发现的"大房子"都建于地面，属于大空间的分隔组织利用，属围护结构系的构筑。外观形式，大多为方形或圆角方形。体量大且多对称空间，与体形联结。室内布局有主要空间和旁室之分。这里着重讲述本省洪洞耿壁的"大房子"。

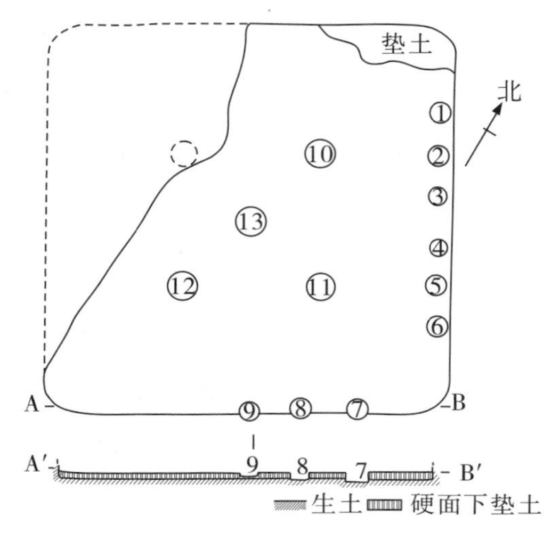

图3-2-5　洪洞耿壁F1"大房子"房基平、剖面图

洪洞耿壁"大房子"F1：据报告称，该房已被破坏，由残存尚可看到它的原形，平面形状为圆角方形，方向北偏西30°，结构为浅地穴式。居住面南北边长约12.5米，东西约12.6米，面积约157.5

---

[1]　郎树德．甘肃秦安大地湾901号房址发掘简报［J］．文物，1986（2）．

[2]　中国科学院考古所．西安半坡：原始氏族公社聚落遗址［M］．北京：文物出版社，1963.

[3]　西安半坡博物馆，等．姜寨：新石器时代遗址发掘报告［M］．北京：文物出版社，1988.

[4]　魏光涛，等．灵宝西坡遗址发现仰韶文化特大型房子［N］．中国文物报，2002-3-8.

[5]　山西省考古研究所．三晋考古（第二辑）［M］．太原：山西人民出版社，1996.

平方米，是大开间的大型建筑。

结构：从残存看，居住面面阔广大，平整光滑，尚有较大的柱洞14个。柱洞的分布情况为东边有6个，南边有3个，居住面的中心有5个，均为有序的排列。中心大柱洞一般直径为0.55～0.86米，深度为0.15～0.4米。东南两面的柱洞、口径和深度均小于中心的大柱洞，除柱洞外，未发现火塘等设施的遗址构造。F1这座房子，从残存的结构看，充分显示着建筑数据概念、构成意识及中国古代建筑思想。首先，在布局方位上，为北偏东30°，屋面向西南，其坐向方位即为我国古代文献如《尚书·无逸》记载："自朝至于日中、昃。"具有礼仪性最佳朝向的"昃位"是古习俗的表现；其次，其所反映的建筑数据概念，主要表现在柱洞的分布上，排列成梅花桩式五柱的位置所隔成的，前后左右四个空间的面积、距离和长度皆相等，从而构成"堂""室"等不同的空间；再次，在施工上，营造颇有秩序，地基建筑坚固，表现在掘出的土槽上铺一层0.2米的垫土层，并夯实烘烤呈红褐色，其表面又涂抹一层厚0.01～0.02米的细泥居住面。这几道垫层经过夯土烘烤及涂抹地面的工序，使居住面呈青灰色，平整光滑，质坚平齐，叩之有声，质地如同今日的水泥建材地面，可见施工程序的细腻。洪洞这座仰韶时期的浅地穴近地面的木构建筑F1，在上部木构空间架搭技术上是值得称道的。虽然支撑木构和房顶铺盖的建材已荡然无存，但房基地面的五根柱洞栽埋在深度0.4米左右的地下。可见，木构架是由五根同等粗大的大柱支撑横梁，横竖搭架连接承托上部屋顶，而这种木构连接搭架的技术是用榫卯结构还是用绳索结扎，目前尚无证据予以说明，但从上述黄河流域仰韶时期的"大房子"的施工技术水平看，多半尚属后者。有一点可以肯定的是，这类"大房子"的营造，从伐木、运输、建造等施工技术来看，绝非一般的能力可及。

耿壁F1外观形式的复原：该屋遗存很少，特别是上部木构件，但也可借鉴同时代与之相似的半坡仰韶"大房子"予以复原。这座建筑的平面为圆角方形，四角则是弧形转角，墙体均是泥土木骨，居住面的五根大柱子支撑屋架横梁，然后再以栱架支撑屋顶，房顶屋面呈四坡状。

功能用途：鉴于耿壁F1的居住面的布局，无火塘、土床的设置，地面建筑坚固，空间开阔，能容近百人，可知此建筑非同一般；同时，又鉴于这类“大房子”在半坡F1居住面的地基中埋葬祭祀的人头骨及敬奉祖先和神灵的粮食粟米可知，它不是居住用的；在河南灵宝的“大房子”遗址中，其地面又多见有朱红涂抹的地面，如此等等迹象说明，耿壁这类“大房子”应是当时氏族的“神殿”，是氏族成员进行宗教仪式活动的圣地，抑或是氏族集会议事的公共活动场所。

因此，在山西境内发现的仰韶文化住房建筑，从穴居、半穴居到地面房子，资料虽不少，但复原的不多，在时代上尚能连接。重要的是，从建筑学的角度看，反映了这个地区从远古时代到仰韶文化建筑的发展过程，由穴居、半穴居、屋架不依赖边壁的竖穴发展为木骨泥墙，居住面从地下上升到地面，发展出柱、横木梁架等维护结构，为中国古典建筑土木混合结构的传统奠定了基础。从这个意义出发，山西仰韶文化木构住房，也为我国古典土木混合结构提供了一些重要资料。

四、仰韶文化的聚落

聚落是新石器时代人类聚族而居的地理单元，也是人类社会的一种早期社会组织形态。《史记正义》云：“聚，谓村落也。”说的就是今日农村自然村庄的形式。仰韶时期聚落的形成，是当时氏族的发展和人口繁衍增殖的结果。考古发现表明，但凡一个遗址，可以说就是一个聚落，在山西晋南汾河流域，仰韶聚落可谓比比皆是。如芮城坡头遗址，夏县崔家河遗址。这些聚落都很大，前者南北长约2400米，东西宽约875米，总面积210多万平方米，遗址内埋藏着许多房址、窑穴、灰坑和墓葬。后者南北长约600米，东西宽约450米，同样暴露出不少房址、灰坑。目前，经大面积发掘的仰韶聚落，当以夏县西阴村遗址较有代表性。

西阴村遗址地处鸣条岗丘陵的缓坡地带，南临青龙河，土肥水美，东西长约600米，南北宽约500米，总面积约30万平方米。

遗址的住房：大多为方形，如F1为长方形半地穴式，南北长约6.5米，东西宽约5.4米，总面积35.1平方米[1]。

---

[1] 山西省考古研究所.三晋考古（第二辑）[M].太原：山西人民出版社，1996.

结构：F1 已残缺，仅存经烧过的残存“火池”痕迹，东部居住面上有南北对称的两个柱洞。

构造：竖穴式挖槽房基，深度约 0.6 米，呈半地穴，居住面铺垫三层细泥土，经打夯筑实和火烧，表面皆十分平整光滑，质地坚硬，三层厚度约为 0.06 米，深度约 0.16 米，内填经夯打的红烧土块。

F1 房屋的外观形式：该房屋虽残破，但在东南部有对称的柱洞，推测其西面也有两根相应的柱子，共同支撑房顶，故其外观形式同上述诸例穴居式房屋，均由四边穴壁搭置椽木，汇集结扎成四坡状的半地穴建筑。

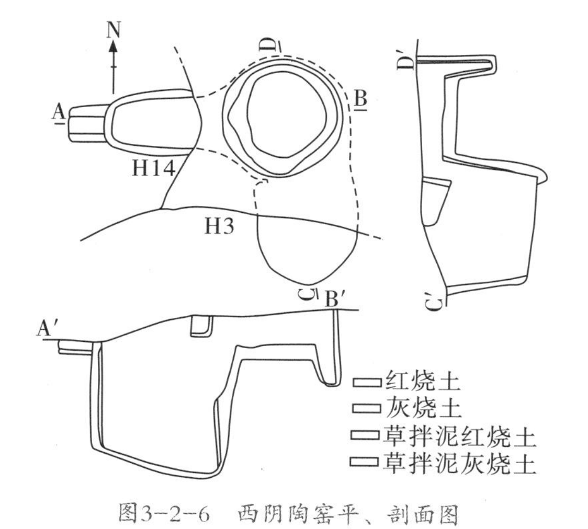

图3-2-6　西阴陶窑平、剖面图

西阴村遗址的窖穴、灰坑数量众多，形状有异，有圆形、袋形、椭圆形、长条形和不规则五种。作贮藏用者，皆作圆形或口小底大的袋状。营造都很规整，坑壁与底部皆齐直。而不规则者，填土杂乱，其用途多作废弃物藏贮坑。需要提及的是，在这些贮藏建筑中，编号为 H32 袋形穴中，出土不少建筑材料的“白灰面”残块，均涂在厚 5 ~ 7 厘米的草拌泥上，有的还涂两面，厚近 1 厘米。这也是中国建材中最早的石灰遗存[1]。

西阴窑址的形式和营造都很原始，据报告称，它的平面作瓢形，由火门、火塘、窑腔等几部分组成。窑腔在上为圆形，火膛居下为竖穴。从窑腔的壁面上部内收微弧知窑腔为穹隆顶，径 0.86 米，底径 0.94 米，仅有直径约 0.6 米，底 0.8 米，高 0.3 米放置陶器的圆台。

西阴壕沟，设于聚落的中心地区，由发掘和钻探揭露百余米的长度看是围绕着聚落的。沟的总长度，由于未全部发掘，故不明。仅从出土的部分看，

[1]　山西省考古所．三晋考古（第二辑）［M］．太原：山西人民出版社，1996.

沟口宽约6米，底宽2～8米，深度一般为4.2米，沟口和沟壁挖掘在生土上，边沿与沟壁宽窄大体一致，而且均较齐整。同时，沟壁的一些段落是挖在早期灰坑和窖穴的遗迹上的，说明西阴壕沟是经人工挖掘，抑或是依据遗址的地形随地势营造而成的。由于经人工修葺，故其功能自然是防御敌人和野兽。像这样起着保障氏族安全的防御工程，其外观形式的全貌，在经全部发掘的陕西西安半坡和临潼姜寨仰韶文化聚落，特别是后者的壕沟，表现尤为清晰。

西阴聚落，其建筑住房、窖穴、窑址和设防的壕沟，一以贯之，集结于一处，也呈现了聚落的形态与结构。因此，由聚落的格局，特别是其中的壕沟防御工程，可知后来仰韶文化晚期、铜石并用时代城的雏形。

第三节　铜石并用时代

公元前3000年前后，在河南陕州区庙底沟遗址中出现一种晚于仰韶早于龙山的过渡文化，考古学界将这一时期称为庙底沟二期文化[1]，并将这一阶段的文化界定为早期龙山文化。考古发现表明，这个阶段的文化是我国铜器兴起的时期，虽然早在仰韶文化的半坡姜寨遗址以及山西榆次源涡村曾有零星铜器遗存的出土，但尚未发现成型的铸器。《史记·封禅书》载："黄帝采首山之铜，铸鼎于荆山之下。"《世本·作篇》亦云："以金作兵器。"均说明以铜作器在我国起源很早，但铸铜手工业真正发展起来，应当是以晋、豫为中心的庙底沟二期即龙山的早期才开始的，晋南襄汾陶寺文化中出土的大型铜铃即是一例。以铜作器，在中国多以乐礼器的出现和运用而发展，且视为珍品。所以，社会生产仍是以石器为主，这个时期，不同质地的铜、石并存，故而考古学家称这个时代为铜石并用时代。

龙山时代铜器的使用，促进了社会生产力的发展。这个时期的建筑，不论是形式、建材、设计还是施工技术及工艺，都有进一步的提高。

一、生产工具的改进和系列化

在公元前3000年前后的铜石并用时代，由于铜器稀少而贵重，故在石器的制作上，打制的越来越少，磨制的越来越多。在技术上，从原始的刮、挖、琢发展到器具方圆规矩，并广泛采用切割加工方法，

[1] 中国科学院考古研究所．庙底沟与三里桥［M］．北京：科学出版社，1959.

穿孔器增多，多管钻，制作工艺日趋成熟。举例来说，山西襄汾陶寺文化早期大墓 M3002 出土的十三枚石锛，工具形制一致，宽度依次齐全[1]。工具的系列化，体现出它不同的用途和功能，说明它不是用于当时的农业和制陶业，而是用于木构的建筑业。

“工欲善其事，必先利其器。”文化系列工具的出现是铜石并用时代建筑取得很大发展的见证，陶寺的出现也说明了当时社会上已有了专业的木匠从事房屋建筑和生产。据《周礼·考工记》载：“有虞氏上陶,夏后氏上匠。”这一批石锛系列工具的出土,使人们看到在五帝时代,手工业已从农业中分离出来,有了专攻木构建筑的匠人,和专门的木工。因为按“匠”的字义,据《说文解字》载:“匠,木工也,从匚,从斤。斤,所以作器也。”段注:“工者，巧饬也，百工皆称工、称匠。独举木工者，其字从斤也。以木工之称引申为凡工之称也。”又《考工记》中“上匠”之“上”字，有尚、高、善之意，即能工巧手或巧匠之谓也。说明在缺少实物资料的情况下，今晋南铜石并用时代的建筑仍有很大发展和一定的技术水平，不乏意义。

二、石灰的发明与房屋建筑

生活在自然界的人类，为了很好地生存，在食、住等方面的选择上，无不从所处的地理环境、生态环境出发，去适应自然界，这在居住建筑上体现得尤为明显。铜石并用时代早期龙山文化的所在地域，同前期的仰韶文化一致，处黄土地带的东缘，在住所的选择上多以穴居为主，但由于黄土结构均匀、细腻松散、垂直力强、土质的毛细现象突出，保水和供水的性能好，故土壤的水分极易浸透上升，久居轻则致病，重则致残伤亡。这一现象早为我国先民所知，其史实在先秦典籍中不乏记载,《墨子·辞过篇》就曾说：“古之民，未知为宫室时，就陵阜而居，穴而处，下润湿伤民，故圣王作为宫室。为宫室之法，曰室高足以辟润湿，边足以圉风寒，上足以待雪霜雨露。”

可见，在穴居中，居住久了会给人带来伤病痛苦，为弥补这一缺陷，促使古人对穴居形式结构有所改善。在建材上使用防潮的石灰这一现

[1] 张岱海．陶寺文化与龙山文化［C］// 庆祝苏秉琦考古五十五年论文集．北京：文物出版社，1989.

象，早在仰韶文化中就已经发现，上述芮城东庄遗址和夏县西阴遗址出土了石灰遗存即是例证。考古发现证明，当时对地穴建筑还采用“灸地”或文献所载的“塈周”等方法，以期达到防潮的目的。

石灰建材在龙山文化时期开始普遍应用，在山西龙山时代的各遗址中都有所发现，其遗存主要在山西夏县东下冯[1]、襄汾陶寺遗址等地发现。夏县东下冯龙山文化遗址，曾在F206号房址中出土大量的石灰，重量竟达20多公斤，其成分经化验鉴定为碳酸钙。此外，在襄汾陶寺文化遗址中还发现一座烧制石灰的石灰窑。

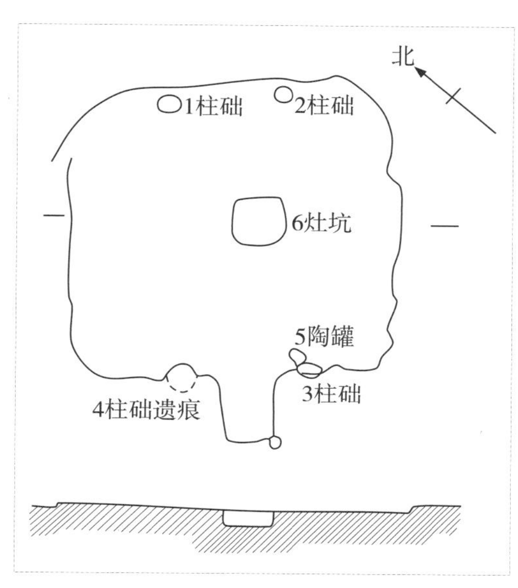

1、2、3　柱础　4　柱础遗痕
5　陶罐　6　.灶坑
图3-3-1　夏县东下冯龙山F251明础房基平、剖面图

例1：东下冯F251。据报告称，属地面建筑，形式为圆角方形，用石灰建材做居住面。方向230°。

结构：由门道、居住面、火塘、础石等部分组成。房基长4.1米，东西宽3.8米，门道长0.7米，宽0.5～0.6米。

构造：居住面用厚5厘米的草拌泥垫底，然后在其上部堇涂1厘米厚的石灰，面平坚硬。火塘位于居住面的中心，长宽各0.6米，深0.2米。有四个明础石（已缺门道右侧的一个，但留础石痕迹），室内北壁居住面边缘并排两个明础石，另两个明础石置于门道左右两角间。础石为扁圆形的花岗岩，径15～20厘米。距离有序，对称排列。

经房屋形式的考察与推测，这四块明础石是迄今我国考古发现最早的地面上明础石的实例，说明此时有些房子和立柱已不必栽埋，上部空间是靠四根柱头的横梁联系并承托房屋的顶盖。鉴于没有柱洞的发现，由此推测，四壁当用细杆纵横扎结束

[1]　中国社会科学院考古研究所．山西夏县东下冯龙山文化遗址［J］．考古学报，1983（1）．

苇固定，两面堇涂草拌泥筋形成墙体。据此知，东下冯 F251 石灰面房子的外观形式，当系在墙头向居住面中心架椽构成方锥体屋架，草拌泥屋面，短窄篷式门道的房屋建筑。外形极像早期庙底沟仰韶文化的 F302。不同处在于，前者居住面为泥面，后者是石灰面，并有明石柱础。

例 2：襄汾陶寺 F9。原报告编号为 F9、F10 两座，本文改编为 F9a、F9b。形式为圆角正方形，半地穴式，方向 234°，与陶寺城址方向相同。

结构：F9a 基址，破损残缺，尚存居住面、烧灶、柱洞和残壁。居住面呈正方形，边长 4.7 米，面积为 22.09 平方米，穴壁残高 35 厘米。

构造：F9a 居住面建在生土上，为“满堂红”房基，均垫土夯实，经烧烤后又堇涂石灰，在与穴壁结合处也堇涂高 3 厘米的灰面墙裙。灶坑较宽大，位于居住面的中心，作圆角方形，长 116 厘米，宽 108 厘米，深 12 厘米，内弧，平底。居住面南边两个柱洞，北边一个柱洞，位置大致对称。

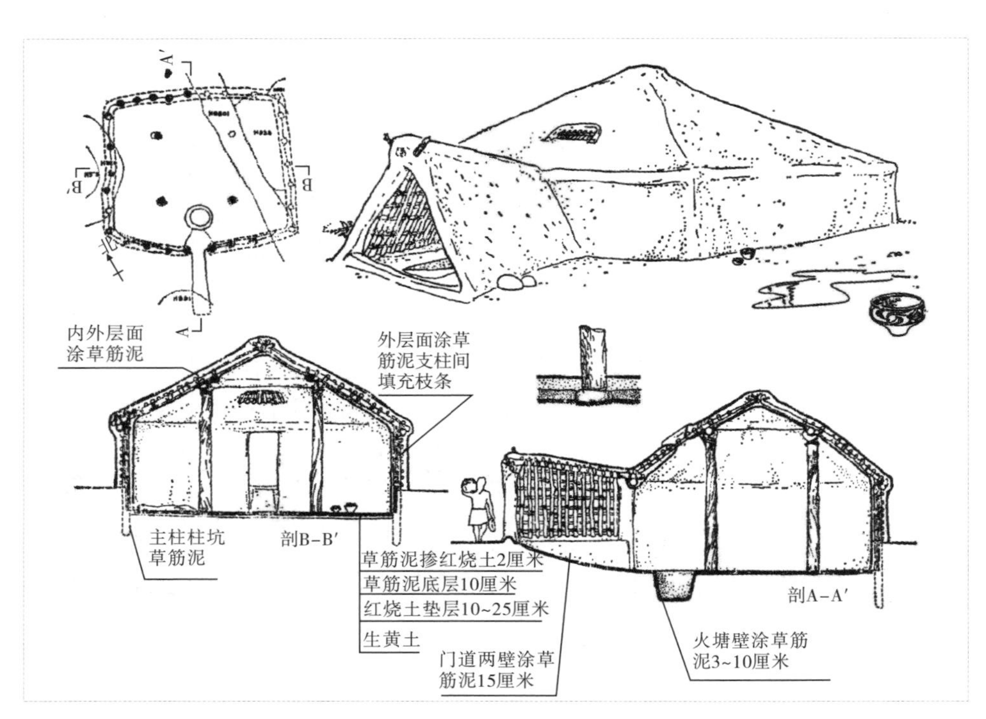

图3-3-2　夏县东下冯龙山F251房基，参照早期仰韶庙底沟F302复原图

F9b 无论在形式、方向、大小、结构和构造上，都与 F9a 相同。同时，原报告称，F9a、F9b 两室共同使用一堵墙，所以两室应为一套建筑。

其外观形式虽然难以复原，但从形制可以看出，陶寺文化时期，除一般低级简陋地穴式平民窑室和广阔高级宫殿建筑外，还有中等阶层的石灰面房屋。

石灰开始作为古代建材，主要是为了穴居防潮。考古发现表明，目前所知，中国最早的石灰是山西芮城东庄村和夏县西阴村仰韶文化遗址中发现的遗存，之后在铜石并用时代为这个地区的龙山文化所承传，并从此成为我国土木结构建筑中的重要建材之一。由于石灰在铜石并用时代的黄河流域各龙山文化中都有发现，说明这种建材是一种地域性很强的建材。因此，从建筑学角度看，石灰的起源、发展的事实，构成了研究华夏文明起源的一项重要课题。

三、夯筑房屋建筑

夯筑技术，自仰韶文化以来就有发现，但不甚普遍，进入铜石并用时代的龙山文化时期，夯筑多用城墙建造。通过山西陶寺文化遗址发现的一座建筑遗存，可窥察到当时夯筑房屋的技术。

陶寺遗址Ⅱ区 F10。该房为一座地面起建有夯土墙的房址[1]，平面是圆角方形，方向 210°。

结构：由门道、居住面、夯土墙、柱洞、居住面北面、烧炕和门道外的庭院场地等部分组成。

构造：居住面平整，面阔 3.6 米，进深 4.1 米，面积约为 14.8 平方米。夯土墙围绕居住面，墙厚 8 ~ 11 厘米，残高 0.2 ~ 0.3 米，夯土较结实细密。门道位于前墙中部房的西南，宽 0.6 米，有台阶。该房发现柱洞 9 个，门道南侧 1 个，直径 0.2 米；居住面南 1 个，直径 0.24 米；东墙东北角外 1 个，直径 0.2 米；南墙中部 1 个，直径 0.2 米；西墙中部 1 个，直径 0.2 米；西部近墙处 1 个，直径不明；其他三个位于居住面上东北部，距离大致相等。门外的庭院场地较宽阔，地平结实，硬土层厚 0.08 ~ 0.1 米。值得一提的是，该房屋对夯土围墙的设计构思精巧，即都筑成圆角，从而使墙体的连接无错缝。这种处理方法反映出当时人们已经注意到直角易破裂的现象。

外观形式：由室内北边居住面上并列的柱洞位置和四面夯墙厚实的

[1] 中国社会科学院考古研究所山西队．山西襄汾县陶寺遗址Ⅱ区居住址 1999—2000 年发掘简报［J］．考古文物，2003（3）．

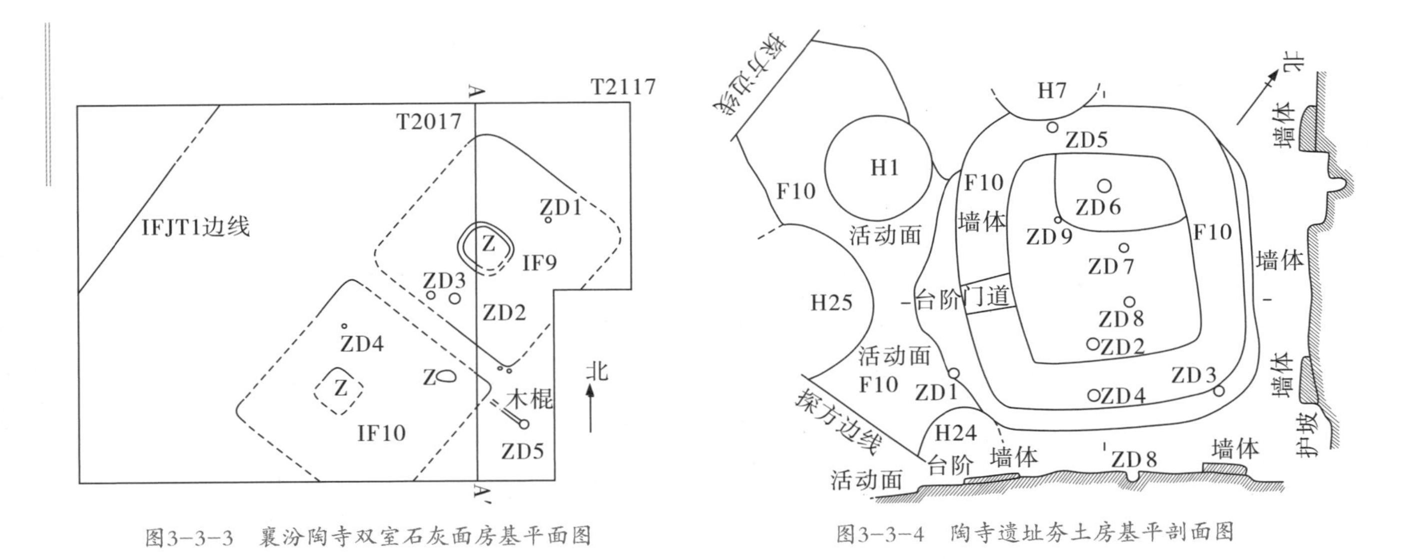

图3-3-3　襄汾陶寺双室石灰面房基平面图

图3-3-4　陶寺遗址夯土房基平剖面图

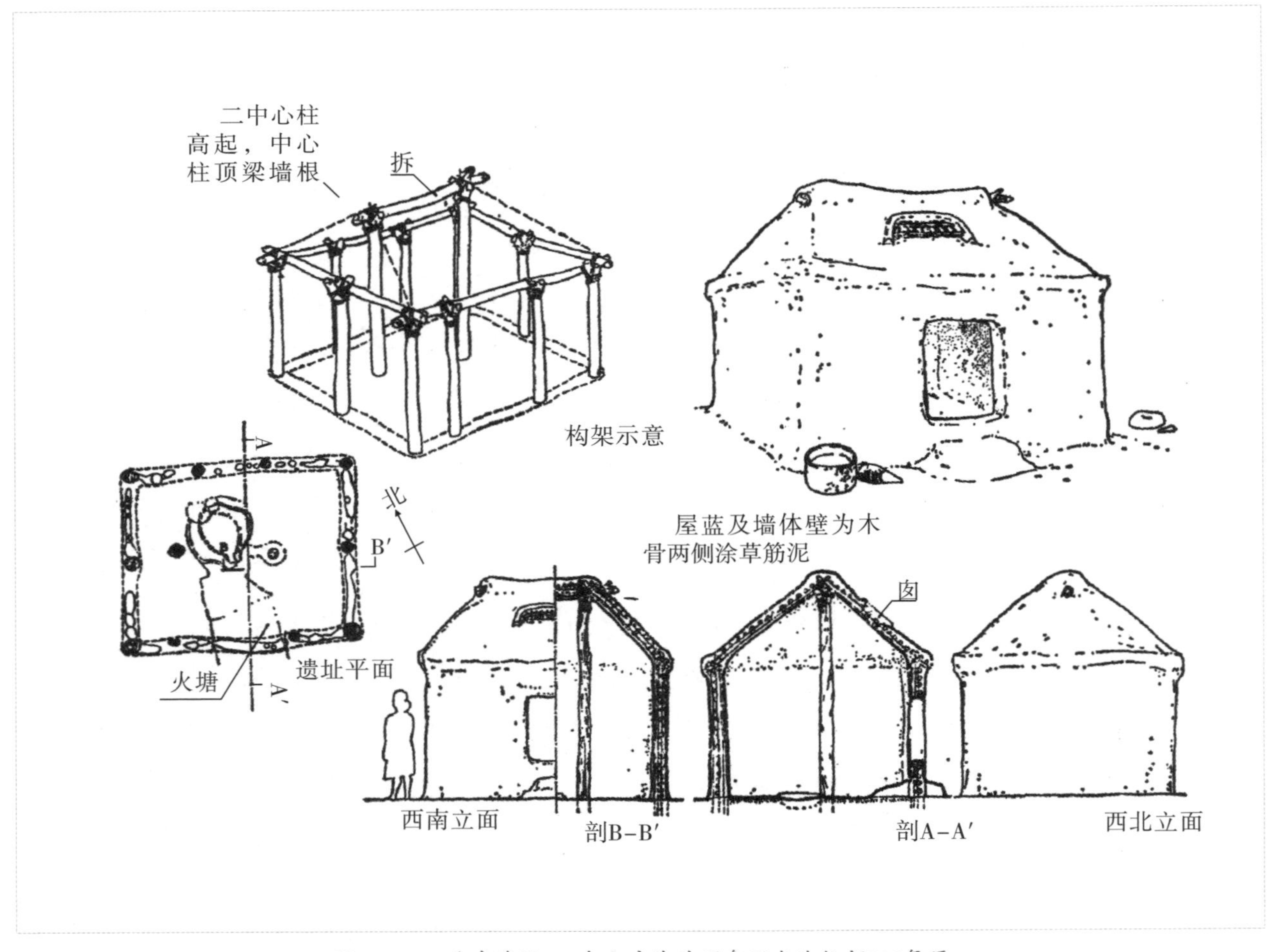

图3-3-5　陶寺遗址F10夯土房基外形参照半坡仰韶F25复原

现象判断，该房的顶盖形式当是由居住面上的立柱托脊梁、四周椽木斜搭至厚墙的构造方式，从而推测屋顶盖面为“四坡”。

四、窑洞住宅群落

一方水土养一方人，生活在黄河流域中上游黄土地带仰韶时期和龙山时期的人们，基于所处的自然地理环境诸因素的关系，决定了他们多选择在黄土丘陵的缓坡地带营造窑洞式住宅建筑。这种方法因地制宜、经济方便、简单易行，在营造上只是对黄土削减，不施增筑围合空间的营造，也没有过多外观体形的建设形式，因而成为这个地区的人们一以贯之的住宅形式。考古发现的遗存，如吕梁地区石楼县岔沟发掘的龙山时期聚落式窑洞住宅，无论是建筑形式，还是结构等，都反映了这种建筑的实际情况[1]。

石楼岔沟窑洞住宅，不但出土数量多，而且保存的形式结构都较完整。发掘出土的19座，均为石灰堇涂墙壁和居住面、穹窿顶。这里仅举其中保存较好的F3、F5两座为例。

例1：石楼岔沟F3。这是一座最为完整的窑洞住宅。平面呈“凸”字形，居室略呈椭圆形，方向坐北朝南。

结构：由长方形窄短门道、居住面、灶炕、窑壁、穹窿顶等部分组成。

构造：室内居住面的营造，是在生土上先堇涂一层草拌泥土，厚0.3厘米，后在其上再抹一层石灰，压磨光滑，厚0.5厘米。居室中央偏南设一圆形烧灶，直径1.23米。其营造方法是按灶的大小向下挖，

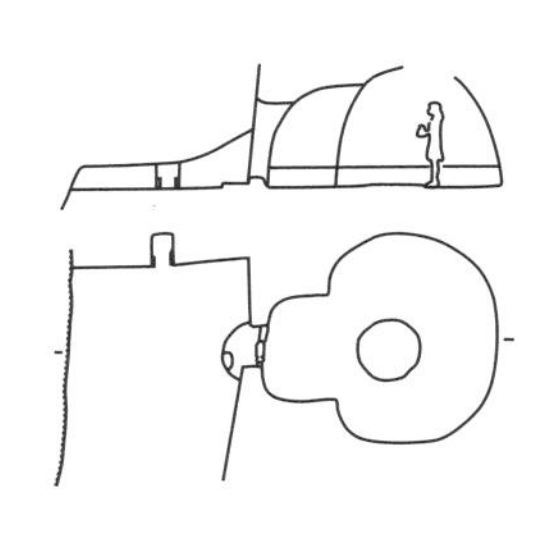

图3-3-6　石楼岔沟龙山文化F3窑洞住宅
上.平、剖面图　下.透视与复原图

[1]　中国社会科学院考古所山西队．山西石楼岔沟原始文化遗存［J］．考古学报，1985（2）．

深10厘米，四周抹石灰，再填土压实，使之较周围居住面隆起1～3厘米。窑洞壁靠上的部分已坍塌，最高约1.55米，墙壁面先涂抹一层厚0.3厘米的草泥土，然后再涂抹一层厚0.3厘米、高40厘米发石灰墙裙。由于墙壁上下部弧度在接居住面处又向外扩出0.1米，故知窑顶为穹窿形。南边门道两侧并不对称，东壁1.4米，西壁1.8米，呈弧形转角，门道和居室的拐角又涂抹石灰墙。门道和门道之间，横放一块石板作为门限，前有二级台阶。门外到断崖边有东西宽约6米、南北长约2.7米的一片平地，便是这座窑洞住宅的庭院。根据发掘出土的资料，复原其外观形式，是一座宽敞、光照较好、石灰白壁、穹窿顶、带庭院的窑洞住宅。

例2：石楼岔沟F5。房址情况据发掘报告称，它的平面也呈“凸”字形，方向以门道东壁为准，175°。仅上部窑顶坍塌，其他尚存。

结构：由门道、居住面、窑洞墙壁、烧灶、锅台、柱洞等部分组成。

构造：居住面呈圆角方形，口小底大，上口收分成半圆形，东西长4.4米，南北宽3.3米，居住面向四周扩出，东西长约5.25米，南北宽约4.3米。这种窑洞横向跨度大，使居住面大于进深。F5居室窑洞墙壁尚保存2.2米的高，栱曲度大，又是生土穹窿顶。为避免窑顶坍塌，故而在居室的中部设置一根支撑的木柱，这种构造在岔沟村民住的窑洞中仍在使用。居住面堇涂的石灰面层，一般在0.5～0.8厘米之间。鉴于F5所堇涂的白石灰都比较薄，所以它除了具有防潮的功能外，还可利用大面积白色地面和白灰墙裙的反光作用，增强早晚室内的光照。

此外，F5在室内的装修或装饰上，有部分靠

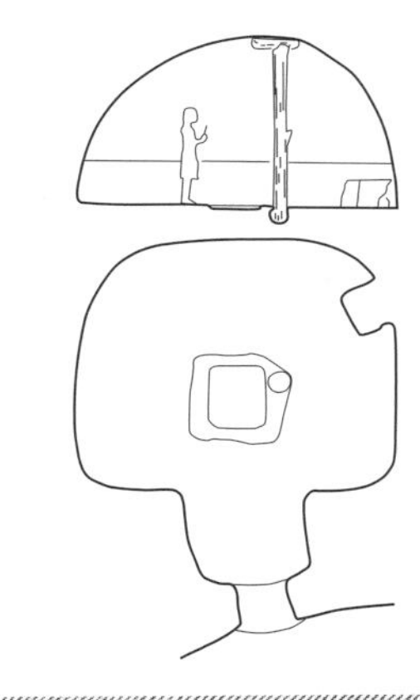

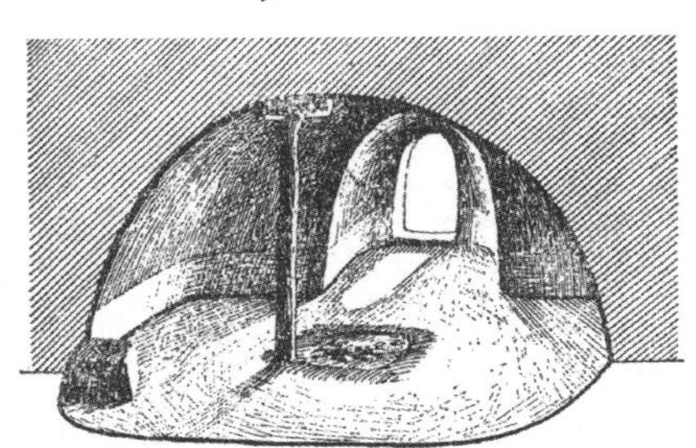

图3-3-7　石楼岔沟龙山F5窑洞住宅
上.平、剖面图　下.透视剖面与复原

壁面的墙根，画有一圈约 0.6 厘米的红线，这种画置红线的现象，在这里的其他窑洞内也都有发现。从上述对 F5 窑洞住宅的各部分构造的表述来看，其原貌是一座形式十分完整的“凸”字形穹窿顶窑洞住宅建筑。

通过上面对石楼岔沟铜石并用时代窑洞住宅群的解析，可看出它在中国历史学和建筑学上的重要意义。

一是在建筑学上，这种“凸”字形生土穹窿顶窑洞，是我国黄河流域迄今发现最早的窑洞住宅建筑。经碳 14 测定，树轮校正年数，岔沟 F1 为 4435 ± 155 年、F3 为 4355 ± 130 年、F5 为 4435 ± 130 年；陕西武功浒西庄 F7 白灰面的树轮校正年数为 4255 ± 135 年；安阳后岗 F19 的白灰渣树轮校正年数为 4355 ± 150 年；河南永城王油坊 T255 的白灰面的树轮校正年数为 4260 ± 150 年；山西夏县东下冯 F203 的白灰面树轮校正年数为 4030 ± 120 年 [1]。此外，就石灰建材而论，以目前资料看，其遗存是距今 4800 多年前的山西陶寺文化遗址中的石灰坑 H3 和 H330 出土的刻画几何图案的石灰墙皮装饰 [2]。可见，山西吕梁地区发现的铜石并用时代的石灰面建筑，比其他地区的同类建筑都早，有的甚至要早上三四百年。

二是在历史学上，石楼岔沟的窑洞住宅建筑群落，对了解我国先秦文献记载中的“巢居”“穴居”很有意义。例如，《孟子·滕文公上》云：“当尧之时……民无所定，下者为巢，上者为营窟。”《说文》云：“营，帀居也。”段注：“帀居，谓围绕而居。”赵岐云：“埤下者于树上为巢，犹鸟之巢也。上者高原之上也，凿岸而营度之，以为窟穴而处之。”今观岔沟先民以窑洞聚族而居，正是“下者为巢，上者为营窟”的写照。从地形地貌上看，这些窑洞住宅大多数集中在海拔 1065 米至 1085 米之间，相邻的两座上下相距高差在 6 米至 10 米间。因此，从当时人们所居住的位置看，居近河床者在下，居山坡高处者位置在上，所以，孟子这句话是含有文学比喻的。

五、从木器制作看木构建筑水平

在黄河流域的新石器时代遗址中，所发现的住宅建筑，不论是地

[1] 中国社会科学院考古所山西队．山西石楼岔沟原始文化遗存［J］．考古学报，1985（2）．
[2] 中国社会科学院考古所山西队．山西襄汾县陶寺遗址发掘简报［J］．考古学报，1980（1）．

穴、半地穴或者地面起建的建筑，从迄今所见的资料看，在房屋木构的联结上，毫不例外均采用绑扎式，但绑扎的方法和形式，却无实物资料予以佐证。唯一见证者，亦仅仅是一旁证，即河南伊洛地区庙底沟文化类型的一彩陶罐上所绘的一幅“鹳鱼石斧图”上所画石斧和柄的结合，是用“绳”或“带”绑缚的纹样。其次是山西太谷白燕龙山文化中出土的板岩石铲，在铲身上有与柄联结经捆扎留下的十字印迹。据目前考古发现，房屋建筑木构件联结的榫卯结合，只在长江流域下游浙江余姚河姆渡新石器时代遗址中有出土。其木构件的榫卯结合，大到木柱、梁、枋，小到干阑式房屋的木楞都采用这种方法。而中原地区直到目前尚未见到有榫卯结合的木构件出土。这是由于北方温差大，多选择穴居和半穴居的形式，即便有这种榫卯结合的木构件也难以保存。而这种木构件联结的方法，在黄河流域也得到了应用，并且是有迹可循，其旁证尚属不少。

例如，山西襄汾陶寺文化中出土的大量木器。这里除上述 M3002 大墓所出土的 13 枚大小有序的石锛系列工具外，还在其他许多墓中随葬的不少木漆器，器形种类有木圈足盘、斗、勺、豆、案、俎、匣、木鼍鼓，以及木制的“房屋模型”（原报告作“仓形器”）。这些木器大多腐朽，但从复原的形制特征看，尚可展示构件向榫卯联结发展的情形。兹捡二三器解析如下。

图3-3-8　陶寺墓前出土的木豆

例 1：木豆。出自 M111，据简报称，形体较大，高 25 厘米，直径 57 厘米，豆柄底径 30 厘米。值得注意的是，在柄与座之间有一圈明显的联结痕，说明此木构件的结合，当是以柄为榫，座为卯的榫卯方法而成。

例 2：木匣。简报没有翔实的说明，但由器名为“匣”可得到启示。这在没有性能很强的胶剂联结的古代，其匣体五板连接法只能有两种；一是绑扎，二是榫卯。前者对于一些珍贵物器不但影响外观，而且难以使其牢固结实，唯有后者可行，即采用企口板为卯，削板沿为榫。

例 3：木俎。在陶寺遗址墓葬中发现较多，但多腐朽，器之形制，据简报的介绍，其俎面是一长方形原木板，近两端各设两个榫眼，下接板状足，一般长 50～75 厘米，宽 30～40 厘米，高 15～25 厘米。大型墓 M3015 中的木俎上斜放两件石刀，一侧俎角有猪蹄骨，在一座中型墓中，俎上放有猪排，一件石刀的前端锋刃直插入俎面板中，说明木俎是切割肉类的厨具。参照长安张家坡西周墓出土的漆俎，东周时期楚墓出土的陶俎（模型）和漆俎（模型），可知其外观和榫卯结构的结合形式相符。

例 4：木质房屋模型。出土于 M3015，外观形式作“仓形”，下部为一圆柱体，上有蘑菇形盖。

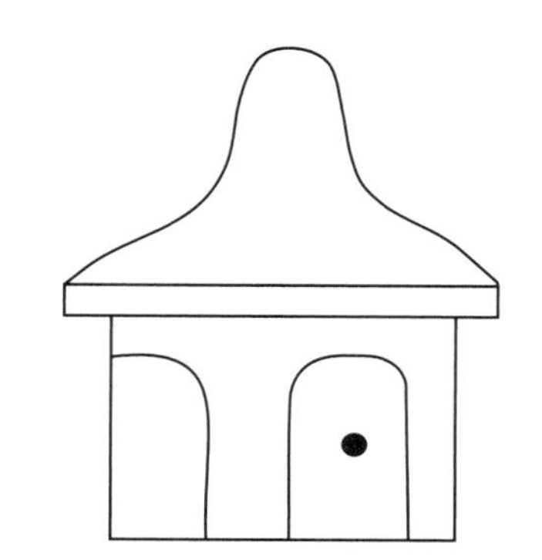

图3-3-9 陶寺遗址木质房屋模型

这种木器在墓地出土很多，往往一墓中有四五件[1]。其实，这种所谓“仓形器”，是当时建筑精细讲究的房屋模型。该器是房屋模型这一认识，在白寿彝主编的《中国通史》第二卷中已指出，但编者未做任何说明或解释。鉴于此器对中国建筑史尚有一定的学术价值，有必要进一步深究，以充实我国古代建筑史。

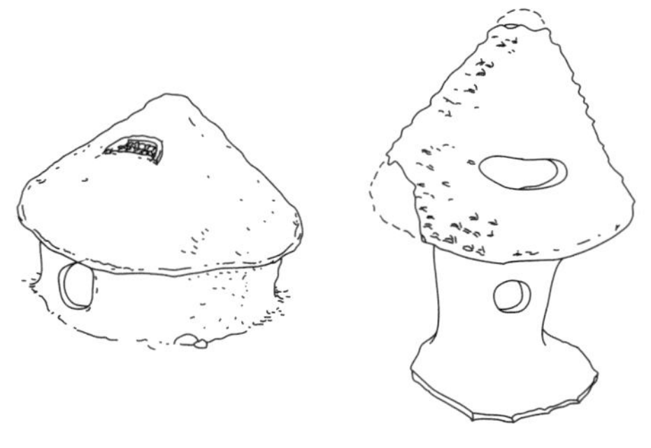

图3-3-10 左.半坡仰韶F3复原图
右.陕西武工出土的房屋形陶瓷钮

首先，就此木器的形制、特征装饰和性质用途看，可以说是陶寺文化时期墓主人随葬的，象征财富的藏贮粮仓廪式房屋建筑的明器。之所以说它是明器，是因为器体小巧，在制作上多采用省减的手法，只图象形，不图其实。如该器的器身在圆柱体

[1] 中国社科院考古所山西队 .1978—1980 年山西襄汾陶寺墓地发掘简报［J］. 考古学报，1983（1）.

上只做出三个不相通、内凹栱形顶洞，即假门。又器体的外壁满涂红彩，则表明它非实用器，而是葬俗中含有宗教迷信意义的器物。而其性质实为仓廪式建筑模型的一个重要的旁证，即简报称，大凡这种“仓形器”出土时，器上多附骨匕一件，而骨匕是当时的餐具，犹似今日的筷子。

其次，用比较的方法确定某一件事物的真实性或形象一致性，即用已知去判断未知，是科学研究中行之有效的手段。而陶寺出土的这类房屋模型，其外观形式极似现今内蒙古草原上的尖顶圆形蒙古包。这种形式的房屋建筑，自仰韶文化以来都有发现。例如西安半坡 F3 经复原的外观形式、陕西武功县出土的房屋形陶器钮，其外观形式都与陶寺的房屋模型极其相近。

再次，木制房屋模型是当时的“仓形器”这一说法在历史文献上也可得到支持。据《史记·五帝本纪》载：“尧乃赐舜絺衣，与琴，为筑仓廪，予牛羊”，文中表示财富的牛羊和贮藏粮食的仓廪并举，说明陶寺文化的这类木制房屋模型，确是当时象征财富的仓廪式房屋建筑的书证。

因此，据上论述，如果陶寺这种所谓“仓形器”是当时仓廪式的房屋建筑模型的话，则不难知晓，在距今 5000 年的陶寺社会的木构建筑中，无论是形式、构想、设计等一系列工程，都具有一定的水平，其木构房屋建筑的成就一览无遗。模型是当时社会现实的反映，是人们生活的生动写照。陶寺遗址曾出土大片刻画几何图案的石灰皮残块，是当时大型木构建筑的物证。

经过对上述陶寺墓葬出土的几件木器的观察与解析，得知其制作工序，是先将原木解成枋木或板材，然后采用砍、凿、削等方法，对木器各部构件进行结合，如俎在四条俎足的上端做出榫头，套插入俎台面两端的卯中，即成闭口直榫。这种方法，在对陶寺晚期木棺的发掘中可见，除闭口透直榫外，还发现有闭口不透直复榫和槽榫。然而，陶寺木构房屋模型的圆柱体，在尚未发明旋床前，有如此光平、尺寸准确、造型匀称的木器实属震惊，它是怎样加工而成的，有的学者推测，可能是借助当时制陶中的陶轮用其旋转的动力加工的结果，是否如此还有待今后进一步的探讨。虽然对陶寺木器的工艺尚有疑问，但从其他方面仍可看到，在公元前 2800 年前后，黄河流域的木构建筑和木器工业，已有了很高的技术和工艺水平，表明陶寺木器和木构技术打开了商周时期木漆器的先河。其成就正如《韩非子·十过篇》中所说："尧禅天下，虞舜受之，作为食器，斩山木而裁之，削锯修之迹，流漆墨其上，输之与宫以为食器。"

六、水井和陶窑

（一）水井

水井亦系土木建筑设施，它对人类的生产、生活意义极大，是中华民族先人的伟大发明。

根据考古和历史文献资料，在世界几个文明古国中，如古埃及、古巴比伦在古代都没有水井的记载。印度有关水井的记载在公元前 324 年至前 185 年的孔雀王朝时期。至于大宛，在汉时还不知道穿井技术。

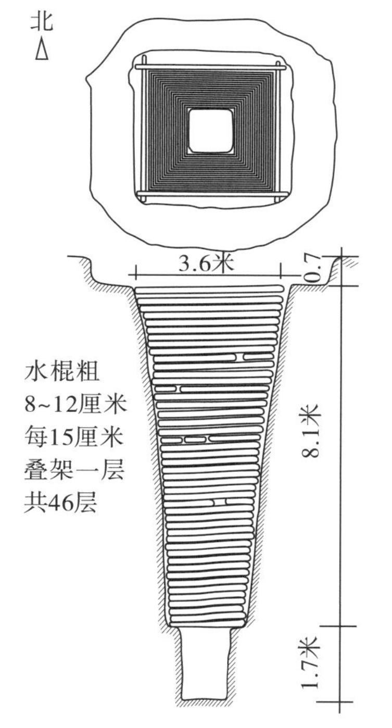

图3-3-11　汤阴白营水井平、剖面图

我国水井的发明，在历史和考古中都有明确的记录。《经典释文》引《周书》云："黄帝穿井。"《史记·五帝本纪》："舜，穿井。"《世本·作篇》："化益作井。"在考古资料上，晋、豫、冀均有发现水井，其中，主要的有河南汤阴白营[1]、河北邯郸涧沟[2]和山西襄汾陶寺，这些水井的年代，均为龙山文化时期。

考古发掘者称，在陶寺遗址曾发现多口早、中、晚各个时期的水井，最深的有 13 米以上，井底部有用条木叠垒起的护壁木构，其作用是防止井壁坍塌。而这批水井的营造方法及形式，由于发掘报告

[1] 北京大学，河北省文化局邯郸考古发掘队 .1957 年邯郸发掘简报［J］. 考古学报，1959（10）.

[2] 河北省文化局文物工作队 . 河北邯郸涧沟村古遗址发掘简报［J］. 考古，1961（4）.

尚未发表，故其外观体形可借助时代大致相同的汤阴白营的同类型水井予以说明。

据简报称，白营的水井形制口大底小，为圆角方形。营造方法是掘出土坑，边长 5.5 米，深 0.7 米，中央另有 3.6 米 ×3.6 米的方形井口，距离井口 8.1 米处，收分为 1.8 米 ×1.8 米方口。再往下收缩为上口方 1.1 米、下口方 1 米的直筒形，此段深度为 1.7 米。在井的上方长 8.1 米的距离内，密集叠垒以 4 根直径为 8 ~ 12 厘米木棍结合的框架 46 层，每层之间距离 15 厘米。而这种井底四壁置护壁木构的形式，俯视之呈“井”字形，而“井”的营造正是“象物立名”，取象于井栏的。由这批水井的年代看，以陶寺文化为最早。因此，黄河流域最早的水井应出现于此。

同时，还需要指出的是，水井的发明从建筑学的角度说，对华夏文明的起源与形成具有重要的学术意义。因为它使黄河流域的史前居民从此“降丘宅土”，摆脱了靠山临水的选址限制，为在广阔的平原上开阔农场、扩大耕地面积提供了保障，从而为农业社会的定居、城堡的出现以及后来文明社会国家的诞生奠定了基础。

（二）陶窑

铜石并用时代的建筑，除石灰面木构、夯土住宅和水井等土木建筑外，还有与当时人们生活关系密切的陶窑。这类建筑在山西许多龙山文化遗址中都有所发现，其中，以陶寺遗址村东南沟发现的编号为 Y1 的一座尤有代表性[1]。

窑址情况：Y1 整个窑体均建在生土中。

结构：由窑室、火道、火膛三大部分组成。窑室在东南，火膛在南偏东 45°，全长 2.42 米。

构造：火膛居窑室左下方，平面近窑室一侧呈半圆形，口部较小，最大径 0.36 米，最小径 0.3 米，至下周外扩呈弧形。膛壁上尚保留石铲的痕迹，间距 0.05 米、长 0.1 米、深 0.01 米；火道位于火膛东南侧的上方，西北侧与火膛相近，火道网由中部三条主火道及两侧分火道组成。窑室位于火道网之上，底部平面近圆形，直径 1.34 ~ 1.44 米。

[1] 山西省考古所．陶寺遗址陶窑发掘简报［J］．文物季刊，1999（2）．

窑壁表面有 0.02 米的烧结层。

窑前工作面，位于火膛口外，中部略低，四周较高，场面尚存有黄褐色路土。同时，在火膛西南侧也尚存有装窑、出窑和上窑顶台面的活动痕迹。而该窑所烧陶器的容量，从窑室的直径看，其面积近 2 平方米，可见，一窑一次可烧制中型器约 20 件，其产量已大大超出以前仰韶文化时的产量。

七、从聚落群到城堡

公元前 3000 年左右为铜石并用时代的发达期，铜器生产有了一定的发展，石器制作技术已臻完善，农业生产进一步提高，物质文化日益丰富起来。反映在社会组织形态上，在黄河流域可以清楚地看到，从以往仰韶文化时期的那种较为分散的氏族或部落逐渐结成部族联盟，网络状的中心聚落和城堡相继出现。

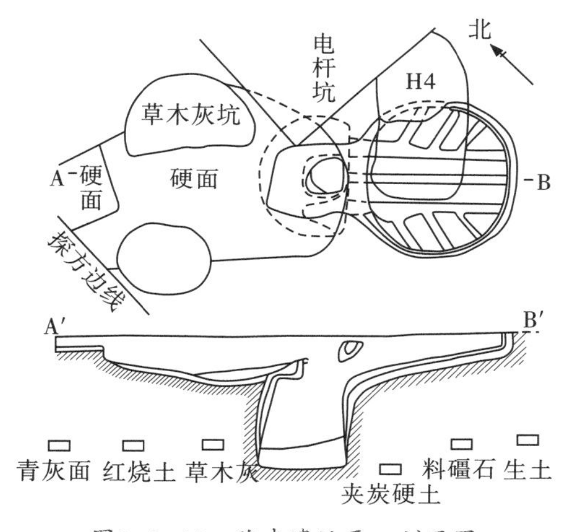

图3-3-12　陶寺遗址平、剖面图

（一）陶寺文化聚落群落遗址

山西晋南的考古发掘和调查表明，这种部族或部落联盟，在临汾地区的汾河交叉地带的襄汾塔儿山周围，今翼城、曲沃、侯马、新降等地约 50×50 千米的范围内，发现陶寺文化遗址 80 余处，各遗址的面积大小不等，一般为 1 万至数万平方米，少数中等大的遗址有 10 万平方米左右，个别大的遗址已达数十万或上百万平方米。

陶寺文化遗址星罗棋布，呈网络状格局，明显地反映了它的规模、等级以及中心、次中心多层次的结构。《史记·五帝本纪》载，帝舜时的社会是“一年而所居成聚，二年成邑，三年成都”。其中，陶寺遗址最大，充分展现了它在网络遗址群中的显赫地位。这座巨大雄伟的城址，应是氏族部族群体联结的中心或文明社会早期国家实体的驻地。

陶寺城址的发现，真切地说明了中国史前社会的土木建筑，由以前一般平地起建的单体木构建筑，发展到多种类、大体量的城、宫殿、宗庙、手工业作坊种类齐全的大型土木建筑，而且首先出现在有史可考，素有“尧都”“夏墟”之称的晋南，对建筑学和历史学都有重要意义。

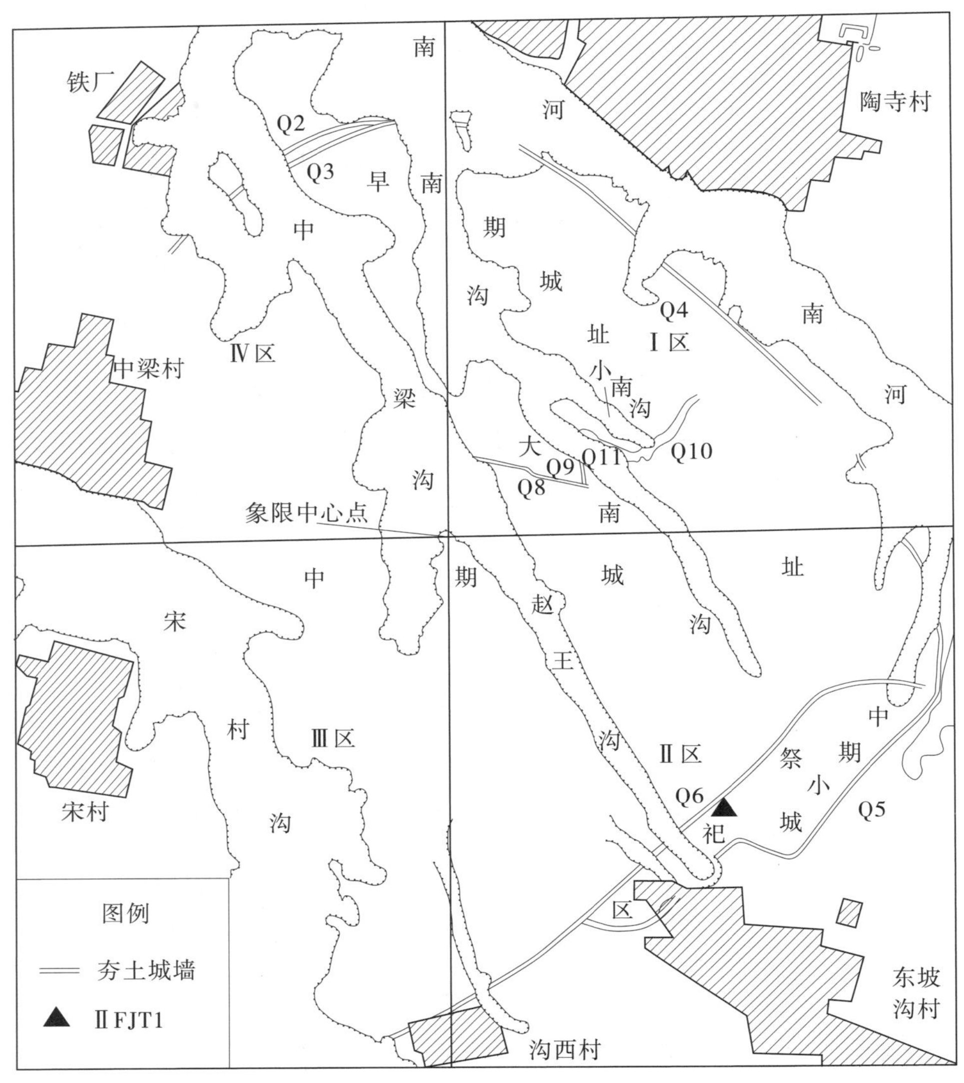

图3-3-13 陶寺城址位置

（二）陶寺城址遗迹

陶寺城址形成的因素，毫不例外，是在以往仰韶文化聚落形态上形成的，只不过结构更加复杂，布局规模更为广阔宏大，气势更为雄伟，内容更为丰富多样。鉴于建筑是人营造的，人的行为决定了建筑的性质，不同性质建筑的外观形式也就有异，兹仅按性质的不同，依次介绍如下。

陶寺城址据发掘报告的情况介绍，城址位于陶寺文化遗址的东北部，为三座年代互有早晚的古城。三城中，早期小城居中期古城东北处，中期小城南倚中期大城。早期小城平面呈圆角长方形，方向315°，南北长约1000米，东西宽约560米，周长约3600米，面积约56万平方米；中期大城平面同样呈圆角长方形，城垣南北长约1800米，东西宽约1500米，面积约270万平方米；中期小城的形状呈刀形，面积约为10平方米。这三座先后扩建的城址，是目前所发现的黄河流域史前最大的一处古城遗址。其建筑规模之巨大，结构之复杂，营造技术和施工手段的进步，为研究中国史前大型动土工程提供了重要资料。

结构与营造方法：这里仅以早期城址南墙为例。该墙长855米，宽4~8米，墙体曲折，东北—西南走向，编号Q9的一段，部分没有基槽，系利用城内原始生土陡坡外包夯土墙体修建。夯土厚度为1.95米，与城外侧深壕形成城墙。这种城墙的建筑形式，在陶寺城址的城垣建筑中具有典型意义，当地俗语称为“帮埝”。这种方法与今天土方建筑工程中的“直立式挡土墙”的原理相似，主要起挡土防止崩岸的作用[1]。由于直立式挡土墙有省工、安全、高效、节约的特点，在今天的建筑工程中被广泛运用。

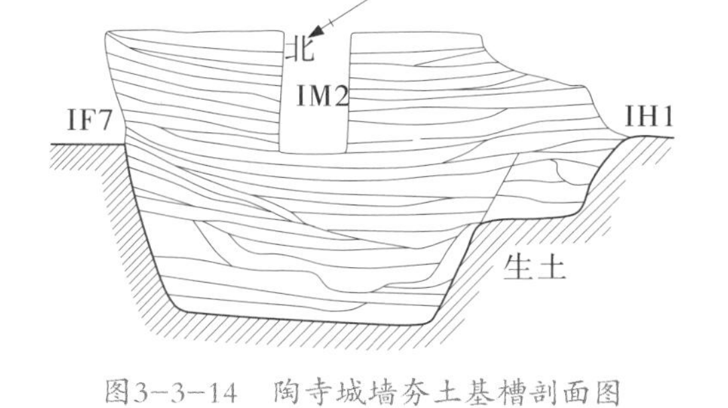

图3-3-14　陶寺城墙夯土基槽剖面图

陶寺城墙在建造时先掘出基槽，基槽上宽下窄，墙体夯层明显，厚5~45厘米，有38小层，两侧向中心略微倾斜，基槽部分夯层堆积倾斜度较大。

[1]　中国社会科学院考古研究所山西队，等．山西襄汾陶寺城址2002年发掘报告[J]．考古学报，2005（3）．

墙体为花夯土，而墙面揭露的部分，一般厚度为4～5米，表面也较平齐，皆显夯窝。

此外，陶寺城垣墙体的建筑方法多样，有的墙体用木夹板逐层填土夯筑，用此方法筑成的墙体夯层夯窝清晰；有的墙体外侧或上部用稠泥掺碎石粒拍打填补，有的质地极为坚硬，但不见夯层夯窝；有的墙体内部两侧用夹板筑起夯土挡土墙，然后在挡土墙之间填土踩踏夯砸而成墙芯[1]。

总之，陶寺城址的营造方法和建筑程序，大体上反映出黄河流域史前筑城的特质。

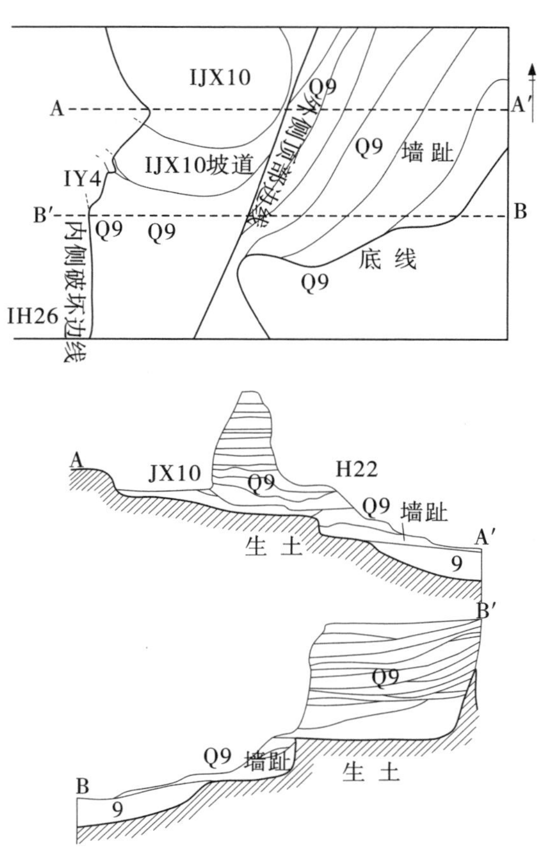

图3-3-15 陶寺城墙 上.平面图 下.剖面图

（三）宗教礼仪建筑

在陶寺城址的中期小城南、中期大城中心以东625米，以南662米处，发现一座大型宗教礼仪建筑。其位置的地理坐标为北纬35° 52’ 55”，东经111° 29’55”，海拔572米，面积约为1400平方米。此建筑遗迹的考古学文化编号为Ⅱ FJT1，为夯土建筑，它的北向依托中城内侧南墙，面向东西，平面呈一大半圆形[2]。从揭露出来的部分观察，它有三道圆弧形的夯土墙。而遗迹的情况据简报称，第一层台基基础，由一道夯土墙，即最外侧夯土墙和人工填土台基芯构成，位于基址的东西两侧，呈月牙状，外缘距圆心25米。第二层台基基础，由第二道夯土墙、生土半月台以及内侧人工填土台基芯构成，平面呈大半圆形状，夯土板块坚实，边缘整齐，每块宽度多在1.5米，其密实度可达1.7。第三层台基基础，由第三道夯土墙、夯土柱、生土台芯组

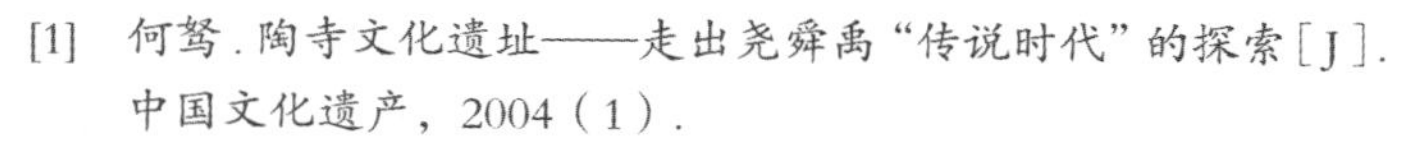

[1] 何驽.陶寺文化遗址——走出尧舜禹“传说时代”的探索［J］.中国文化遗产，2004（1）.

[2] 中国社会科学院考古研究所山西队.山西襄汾县陶寺城址祭祀区大型建筑基址2003年发掘简报［J］.考古学报，2004（7）.

图3-3-16　陶寺遗址宗教礼仪夯土建筑基础

图3-3-17　左．陶寺城址小城西城墙　右．陶寺城址出土情形

图3-3-18　陶寺遗址远景及宫殿建筑夯土基址局部

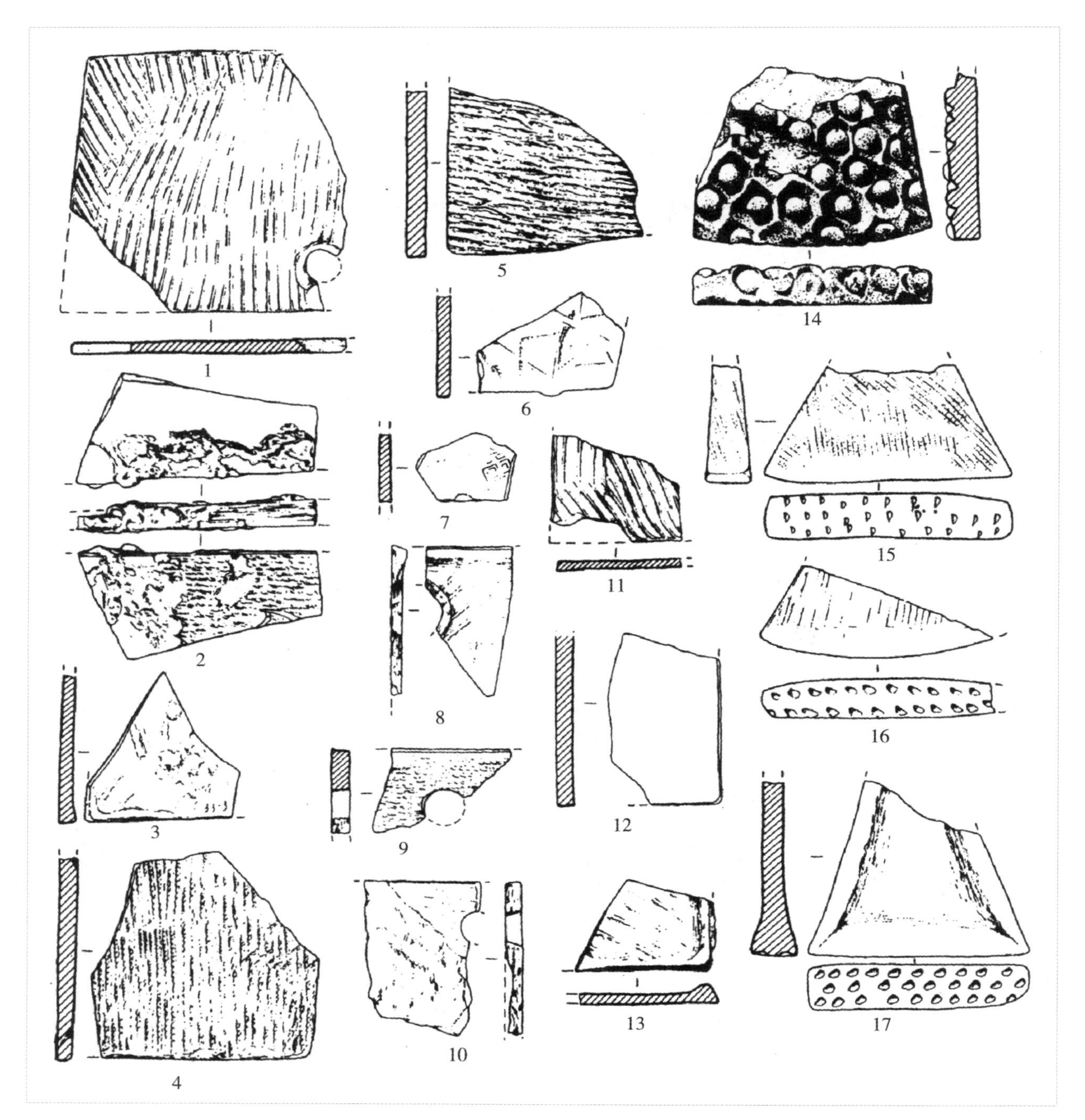

图3-3-19　陶寺遗址出土的陶板瓦

成，平面呈大半圆形，其建筑方法、夯土板块大小以及密实度，均与第二层大致相同。

总体上看，陶寺城址内的这座独具特色的大型建筑基址，首先就建筑规模，可谓宏大奇伟，颇有气势，由此断定该建筑绝非一般，是具有一定意义的宗教礼仪性的建筑。其次，就其外观设计形式看，可谓是考古文化中少有的特殊形制，由它的月牙形就可显示出它神秘的意味和宗教礼仪的色彩。再次，从营造看，建筑结构十分复杂，有三层台阶，并有路沟、台阶、角门拼成半月台，尤其第三层台基呈半环形夯土柱列，呈现出一定的礼仪规则和程序。因此，从这处建筑的外观形式、结构以及具有一定活动程序的诸现象，可以判断这所遗迹是目前黄河流域史前文化罕见的建筑遗存。据发掘者说，从它的形式和与塔儿山对峙的地理环境判断，其用途之一可能是“观日出定节气”，所谓“观天象授时与祭祀功能为一体的多功能建筑”，是否具有这一用途，目前尚无定论。但值得注意的一点是，Ⅱ FJT1 月牙形大型夯土建筑不是一般的建筑，应是举行宗教或礼仪性活动宗庙类的遗迹。

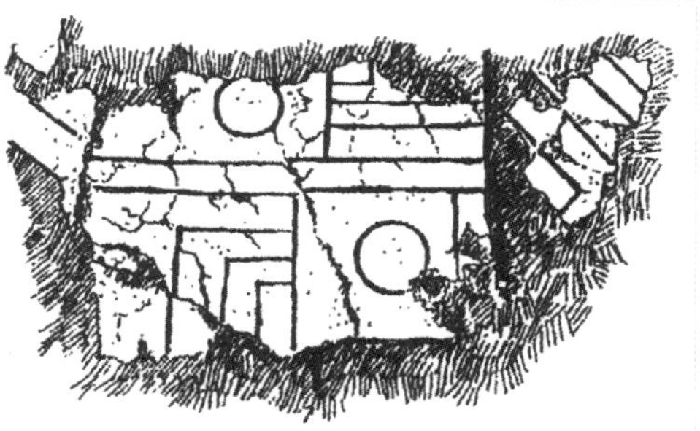

图3-3-20　陶寺遗址出土的刻画几何图案的石灰墙皮

（四）宫殿遗迹与有关遗存

据有关简报和发掘者称，在陶寺早期城址的中南部，发现了一处约 5 万平方米的宫殿区。在这里清理出了宫殿类核心建筑的天然生土台基部分和一个附属建筑，主要遗存有夯土台阶和夯土小桥墩。台阶顶部用 12 块大小不等的夯土板块垒筑建成。台阶表面残留“之”字形坡道，保留有较好的踩踏过的路面，从坑底盘桓上至台阶顶部，可进入核心建筑面，可见其营造之复杂和外观之奇伟了。

与大型宫殿建筑有关的遗物包括建材、房屋建筑、构件等，主要有两种：

一是考古工作者曾在宫殿夯土阶之上的堆积中，发现大块装饰戳印几何纹和一块带蓝彩的白石灰墙皮。

二是出土了不少宫殿屋顶陶板瓦（原报告称陶板残片）。这种板瓦在陶寺遗址的城址中发现较多，据统计共有 104 片，大多在中晚期堆积中，皆边缘整齐平直，制法为模框压切，正面多饰蓝纹和绳纹，戳印者少，背面粗糙，且多附着白石灰浆或泥垢。一般长约 30 厘米，宽约 20 厘米，厚约 2 厘米，圆穿孔径约 4 厘米[1]，由形制、大小、长度和背有灰浆黏结等现象说明，这种所谓的陶板应是当时宫殿建筑顶部的板瓦。

因此，从陶寺城址宫殿基址中出土的建材，和绘有色彩的大块石灰墙皮，以及板瓦构件来看，表明中国史前木构建筑对屋顶的处理，已从过去以植物叶茎的铺盖发展到用不易腐烂、坚实美观的陶制板瓦，这是建筑上的飞越和跨时代的进步，使板瓦的使用时间比西周提早了 1500 年。这在历史文献上也得到了证明，《史记·龟策列传》载：“桀为瓦室。”《博物志》曰：“桀作瓦。”《古史考》也说：“夏后氏时，昆吾作瓦以代茅茨之始。”均是有力的书证。板瓦的出现，在我国建筑史上有重要的学术意义。

黄土养育了人类，人类利用黄土营造住宅。山西史前建筑从旧石器时代至铜石并用时代的陶寺文化，体现了华夏民族文化植根于黄土的事实。本文虽是以山西一隅的史前建筑遗存为主，不可能涵盖整个黄河流域的史前建筑，但“一滴水可以照见太阳”，从穴居、巢居、地穴、半地穴、地面木构到宫殿、城的发展和梗概，各阶段人类居住的各式各样房屋建筑，均得到先秦历史文献有力的书证。《周易》曰：“上古穴居而野处。”《墨子》说：“古之民，未知为宫室时，就陵阜而居，穴而处。”

在新石器时代农业生产发达的前提下，仰韶文化聚落蓬勃兴起，建材的发明、建筑技术的工艺进步等为木构房屋住宅的起源创造了条件，而仰韶文化的聚落形态正是当时氏族人口增多、聚族而居的真

[1] 中国社会科学院考古所山西队，等. 山西襄汾陶寺城址 2002 年发掘报告[J]. 考古学报，2005（3）.

实写照，同时，也为后来铜石并用时代龙山文化阶段更高级的社会组织——部族联盟驻地——城的产生打下了基础。

一方水土养一方人，建筑与人类所处的自然条件和地理环境有着密切的关系，山西地处黄河流域中游黄土高原的东南缘，为肥沃的黄土地带。所以，这里从新石器时代直至现在一直使用穴居式的窑洞住宅，成为这个地区的地域特色，石楼岔沟龙山文化时期密集于山陵的石灰面窑洞，即是其物证。《孟子》曰："下者为巢，上者为营窟。"是其书证。

悠悠历史，在铜石并用时代的后期，大约公元前 2800 年，陶寺文化在晋南崛起，在建筑上重要的标识则是营造了一座黄河流域最大的一座古城。从城垣南北长 1800 米、东西宽 1500 米、周长 6660 米的如此浩大的工程看，不管是陶寺文化的社会经济实力还是人力和社会职能，都已经发展到一个很高的阶段。这一沉睡多年、默然已久的城墙，无声地表述了恩格斯对国家起源学说的一句名言："在新的设防城市的周围屹立着高峻的墙壁并非无故；它们的壕沟深陷为氏族制度的墓穴，而它们的城楼已经耸入文明时代了"[1]。历史文献对城的功能做过许多描述，《释名》云："城，盛也，盛受国都也。"王先谦撰集引《说文解字》云："城，以盛民也，从土从成。"《古今注》也言："城者，盛也，所以盛受民物也。"《吴越春秋》曰："筑城以卫君，造郭以守民。"《礼记·礼运》进而言城的功能，所谓："城郭沟池以为固"，起着卫君、守民的防御目的。

对山西史前人类住宅建筑各考古文化阶段的综述，真实而确切地反映了山西省古代木构建筑体系框架，是中国古代建筑科学中不可缺少的一部分，并将为我国建筑史做出应有的贡献。因此，从这个意义讲，山西的史前建筑的学术价值，不单对人文科学有着重要的学术意义，对自然科学也将会产生深远影响。

---

[1] 恩格斯．家庭、私有制和国家的起源［M］．北京：人民出版社，1972.

第四章

夏、商时期建筑

（公元前 2070 年到公元前 1046 年）

第一节　夏代和商代的概况

一、夏代与商代的社会与历史概况

（一）夏的起源

大约距今4000年前，我国出现了第一个王朝——夏。由于可靠的史料十分匮乏，致使人们长期对此历史阶段的各方面情况了解甚微，仅能从少量文字记载和若干传说中获得极为有限的认识。中华人民共和国成立以后，学术界通过多次对我国原始社会遗址和商代遗址的发掘与考证，特别是近些年来有关夏文化的探索，使得对这段几乎是史学空白的历史及其演绎发展，有了较深的了解。

按《史记》和《竹书纪年》等史籍记载，夏自始创至灭亡，先后共经历十四世十七王，历时400多年。其活动与分布的地域依《国语·周语》记载："昔夏之兴也，融降于崇山。"夏人之始祖祝融，当居息于今日河南登封境内之嵩山一带，山西夏县东下冯遗址、襄汾县陶寺遗址的某些文化层，可能属于夏。

虽然"夏商周断代工程"使得夏代的研究有了很大进展，但对夏文化的全面认识，还有待今后更进一步的探索。

（二）商的起源

商代处于中国鼎盛的奴隶社会时期，属于灿烂的青铜文化时期。

王克林先生讲，商族发祥于晋冀接壤的太行山南端西麓，今晋东南漳河流域。他们后来又溯黄河西进，屡与夏人发生冲突。商人吸收较进步的夏文化，同时又兼并周边氏族部落，势力日强。公元前十七世纪上半叶，商族首领成汤终于灭夏，并建立了国号为商的新王朝。自首帝成汤到末世帝辛，历时500余年。商代的政治活动中心，在今日河南省的中部及北部，王朝疆域大体在西至陕西、南及湖北、东抵山东、北达河北之范围内，版图较夏代有所扩大。

商代是我国历史中第二个世袭王朝，社会已完全确立了以父权为中心的统治体系，并进入了我国奴隶制度的鼎盛时期。其最有代表性的青铜文化，曾为中华文明史写下了十分光辉灿烂的一页，至今仍被世人赞叹。此外，商代对铁器的初步使用对以后社会生产力的发展和技术的进步也带来了深远的影响。

二、夏代与商代的农业、畜牧业和手工业

夏代的社会生产还比较原始，但已有了分工，并以农业生产居主要地位。《论语·宪问篇》有云："禹稷躬稼而有天下。"可见，农业在夏初已很受重视。然而，当时农业的生产技术水平仍很低下，往往使用"烈山泽，驱猛兽"的方式来开辟耕地。农作物有粟、稻、桑、麻等多种，饲养家畜家禽也很普遍，有牛、马、猪、犬、鸡等。在夏代聚落遗址的发掘中，有窖藏农作物残留，居处周边有大量禽兽骨殖的堆积，都可作为明证。此外，渔猎及采集，亦成为当时社会生活资料的重要来源，射猎的对象有鹿、野猪、熊、狼、兔、雁等。渔钓等所获，则为鲤、鲟、鲢、龟等。采集果实以桃、杏、核桃、无花果等为主。由于粮食生产已有积余，所以至少在夏代初期即已有酒类的生产。《孟子·离娄》载："禹恶旨酒而好善言。"由于酒器如觚、爵等在夏代遗址中曾被多次发现，所以上述记载的可靠性就得到了进一步的肯定。

夏代手工业已有分工，其工具之制作较原始社会更为精细。当时所使用的生产工具，仍以石器以及木器为常见。如农具有石锄、石铲、石耨，工具有石斧、石锛，纺织缝纫具有陶、石纺轮、骨针，武器有石刀、石镞、骨镞，其他如网罟则出自麻制绳索，弓矢取诸木、竹、兽筋、禽羽，起居之席垫大抵由竹、草、苇等编成。至于生活用具，如供炊庖饮食的鼎、鬲、杯，贮存用的罐、瓮、壶、盆等大多仍用陶器。后来才出现铜器，如爵、鼎等，但为数不多。

值得注意的是，在陶器上出现了单体的文字。它们较新石器时代仰韶文化陶器上所刻画的符号复杂，和商代甲骨文颇为近似。虽然已发现的字数尚不多，且意义不明，但它们的出现，却是我国古代文化史中一个十分重要的里程碑。

由于铜器的发现，可知其采矿、冶炼、铸造已初具雏形。另外，陶器之制作，亦较原始社会更为进步，供使用之器形与种类均有增加，还出现了专用的祭器。《韩非子·十过篇》中提及："禹作祭器，墨染其外，而朱染其内。"

社会劳动的主要承担者是人，后来，牲畜和车辆的运用，大大减轻了人的劳动负担。《史记》称夏禹治水时"陆行用车"。《左传·定公元年》云："薛之皇祖奚仲居薛，以为夏车正。"《世本·作篇》又云："盖夏初奚仲作车，或尚以人挽之。至相土作乘马，王亥作服牛，而车之用益广。"可知夏初之车系由人拉挽，后来才改用牛、马拖曳。而《五子之歌》亦有"若朽索之驭六马"，则表明引车之马已用多匹。

在商代社会各业的生产中，仍以农业居于首位。已知商代所耕种的农作物有黍、稷、禾、麦、麻、桑等，它们构成了社会生活需要的主要物质，并且维持了很久。由考古发掘所获得的甲骨文卜辞中，亦不乏如"卜黍年"之类的记载，而文字中的"田""畴""井""圳""峻""击"等字，亦可明显看出与农业耕作有关。当时所使用的农具及手工业工具，大概仍以石、骨、蚌、木质为主。陶器在生产中运用不多，但大量运用于生活中。

商代已出现了由铜与铁合制的器物，河北藁城台西之商代中期遗址中，北京平谷区商代中期墓葬中，以及山西省灵石县商代晚期墓葬中，都发现了带铁刃之青铜钺。我国古代文献中亦有记载，《诗经·公刘》云："笃公刘，于豳斯馆，涉渭为乱，取厉取锻。"按公刘时所在之周族，尚为商人之附属。文中之"锻"，即锻打之意，而一般青铜器无须做此项加工，且迄今为止所见之商代青铜实物，均未有经此工序。另外，原始之釉陶于商代亦多有发现，如前述河北藁城台西商中期遗址中，即出土胎质灰色或灰白，表面施豆青、豆绿、黄、棕色釉之釉陶 172 片，其分布地域甚广，使用比较普遍。

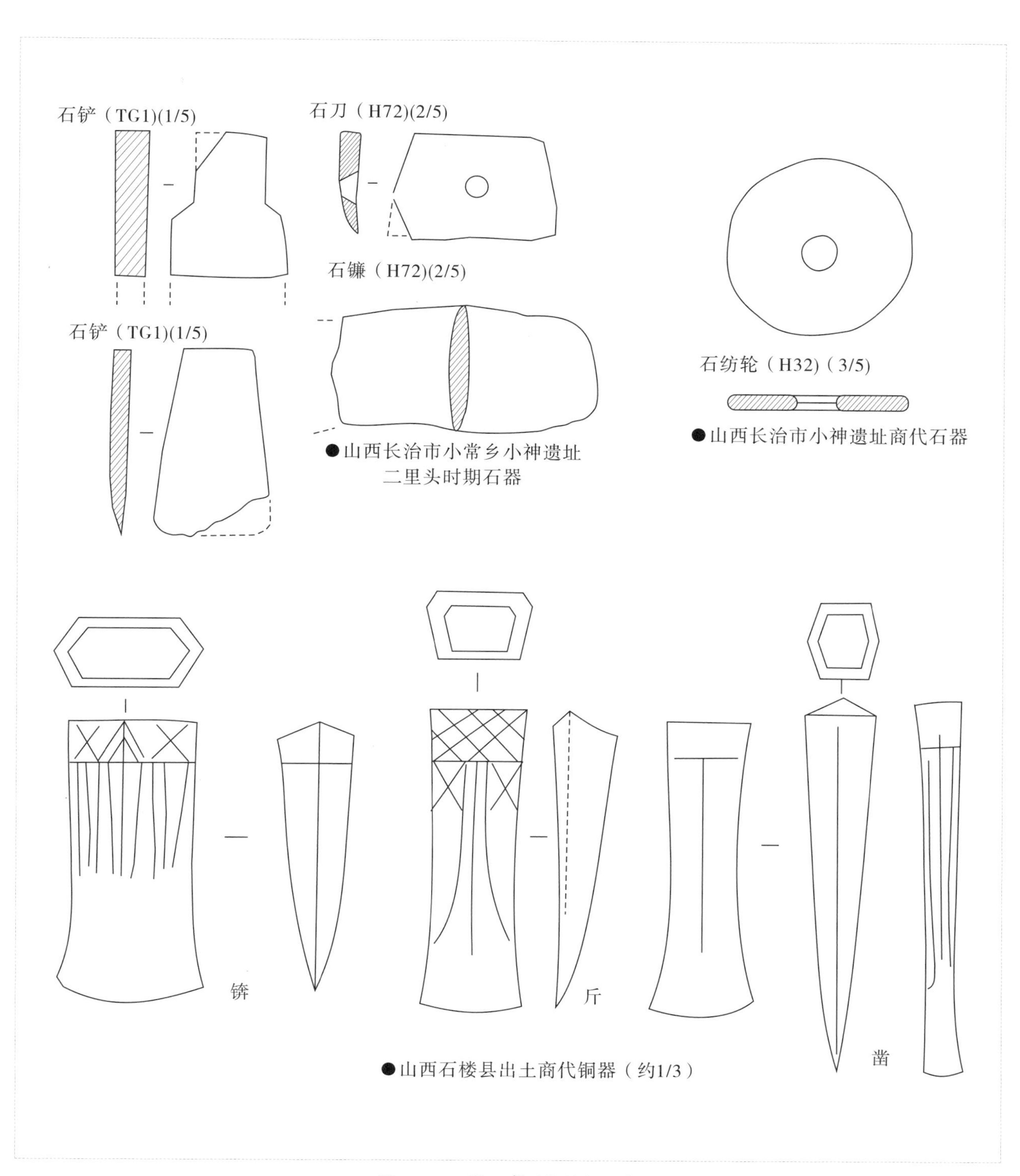

图4-1-1　夏、商时期的铜工具

三、夏代与商代社会的特点

夏朝的开国君王姒禹，被后人尊称为大禹，传说在帝尧时已任司空之职，事见《淮南子·齐俗训》：“故尧之治天下也，舜为司徒，契为司马，禹为司空，后稷为大田师，奚仲为工。”后禹奉帝舜之命，率天下臣民治理水患，与洪水顽强搏斗13年。相传他曾经三过家门而不入，被后世誉为人君之典范。由于他领导治水成功，解除了当时天下黎民的最大忧患，因此得到帝舜的推崇和许多氏族部落首领的拥护，最后继承了舜位而得以君临天下。据文献记载，禹晚年时曾打算禅位于益，而诸侯则以为益不若禹子启贤，遂拥立启为国君。从此以后，帝位禅让制度逐渐被父子或兄弟相传的君权世袭制度所取代，这在中国历史进程中，是极具影响的大事。

大禹时期，君王和过去一样，不过是天下诸氏族部落联盟所推举的盟主，其下属诸侯部族甚多，史称“禹会诸侯于涂山，执玉帛者万国”。其中一部分来自世袭，一部分出于加封，《史记·夏本纪》载：“禹即天子位……封、皋陶之后于英、六。”然自十四代夏君孔甲以后，国势渐衰，诸侯不膺王命，且相互兼并，国数大减。但当时大规模战争不多，其可以为例者，如《国策·秦策》所载禹诛伐共工之战，以及《史记·夏本纪》中帝启征灭有扈氏诸役，而最后商君成汤讨伐夏末帝桀之战，直接导致了中国第一个奴隶王朝的完全崩溃。从此以后，战争就成为历代政权更替所采用的主要手段，而氏族社会长期以来在社会生活和政治活动中所形成的原始民主典型风范，则被私有制日益汹涌的狂涛冲刷得一干二净了。

商代社会由商王及其皇族统治。唯商代王位之传承，前期以“弟继兄”为原则。若至无可继者，则以最幼弟之子接位。此与夏代大多由“子继父”之方式有所不同。商代四方之诸侯、部落，较禹时之“万邦”较少。贵族、诸侯、官吏和巫师等是捍卫与稳定奴隶制度的中坚力量，即甲骨文及古文献中所谓的“侯”“宰”“伯”“师长”“父师”“少师”“巫祝”“卿史”“御事”等。至于社会的底层，除了称为“畜民”的自由民外，就是管理奴隶的工头“臣”“小臣”以及名为“奚”“奴”“童”“仆”“妾”“役”“牧”“驭”等的奴隶。

随着社会生产力与分工的发展，商代的商业贸易活动也逐渐繁荣与活跃起来，由于贸易的扩大，以货易货的交易方式，已经不能适应当时的经济形势，于是出现了我国最早的货币——贝。这是一种产于南海的小型贝壳，商人将其背面穿孔，积若干枚系为一串，称作朋。这种用作货币的贝除见于墓葬出土遗物外，亦屡现于甲骨文中，而一些与财货贸易有关之文字，如“宝”“货”“贮”等，皆依“贝”字而形成。

虽然早在我国的原始社会时期，刻画在陶器上类似文字的象形符号已经出现，但文字的正规形成和使用，是在商代中期以后。考古学家在商代遗址中发现的甲骨文，被认为是经过长期发展后才形成的中国古文字。它保留若干最早的象形文字的特点，与其同类型的词汇仍依循着一定的规律。

在对天文历象的认识方面，商人已将地球绕太阳一周的时间称为一年，将月球绕地球一周的时间称为一月，将地球自转一周的时间称为一日。又将平年均分为十二个月，闰年分为十三个月。一年等分为春、夏、秋、冬四季，每季三个月。每月再分为三旬，每旬十日。此外，还使用了干支记日期，每六十日为一周期。商人农耕依季节施行，其卜辞中使用干支已甚普遍。建筑之方位、朝向均能准确描述，表示对天体日月星辰之观测已相当精审。

社会的经济发展，也必然带来其他方面的繁荣，特别在雕塑、绘画和音乐方面。商代的雕刻技艺，反映在玉石器和铜器上格外突出，塑像亦有相当水准。这时的青铜文化已经进入了鼎盛时期，各类器物，又以礼器为最高水平之代表。绘画艺术表现在陶器、漆器的纹样上，依出土遗物，知其与原始社会在题材构图及色彩上均有所不同。音乐是当时举行仪典不可少的内容，又广泛流行于民间，已出土的乐器有石磬、陶埙、铜铃、铜铙等。

第二节　夏代建筑

山西是中国历史上华夏文明的主要发祥地，史称“尧治平阳，舜治蒲坂，禹治安邑”，皆与晋南这块热土紧密地连在一起。如果说襄汾陶寺文化群落及其城址，是《史记·五帝本纪》记载的唐尧都平阳的话，那么蒲坂其地也应在附近的晋南永济一带，但在考古学文化上，尚没有认定这里的哪一种考古学文化为虞舜部族的文化、帝尧的陶寺文化或稍后的帝尧部族的文化，由于无时间、空间、遗存三维关系的确定，不能贸然推定，故只好从略。

夏时期的建筑遗存在山西境内发现很多，几乎遍及全省，主要的有晋西南夏县东下冯遗址[1]，晋东南垣曲商城遗址[2]，晋中太谷白燕遗址[3]等。其中，以东下冯遗址具有一定的代表性。据考古发掘表明，东下冯文化类型是夏文化的早期，发现的建筑文化的种类主要有防御土木工程的壕沟、民居、水井、陶窑等。

一、夏代前期建筑

（一）壕沟

壕沟平面呈圆角的“回”字形。外圈长150米，宽148米，总面积2.22万平方米；内圈长宽均为130米，面积1.69万平方米。沟槽构筑特点

[1] 中国社会科学院考古研究所．夏县东下冯［M］．北京：文物出版社，1988.

[2] 中国历史博物馆，等．垣曲商城［M］．北京：科学出版社，1996.

[3] 许伟，杨建华．山西太谷白燕遗址第一地点发掘简报［J］．文物，1989（3）.

为口大底窄，一般宽5～6米，深2～3米。内外两圈组距6～10米不等。壕沟的剖面一般较整齐，底部常见有铺垫加固的石子屋面。壕沟规划设计有序，构筑营造规范，为这里居民据点的外围防御建筑工程。

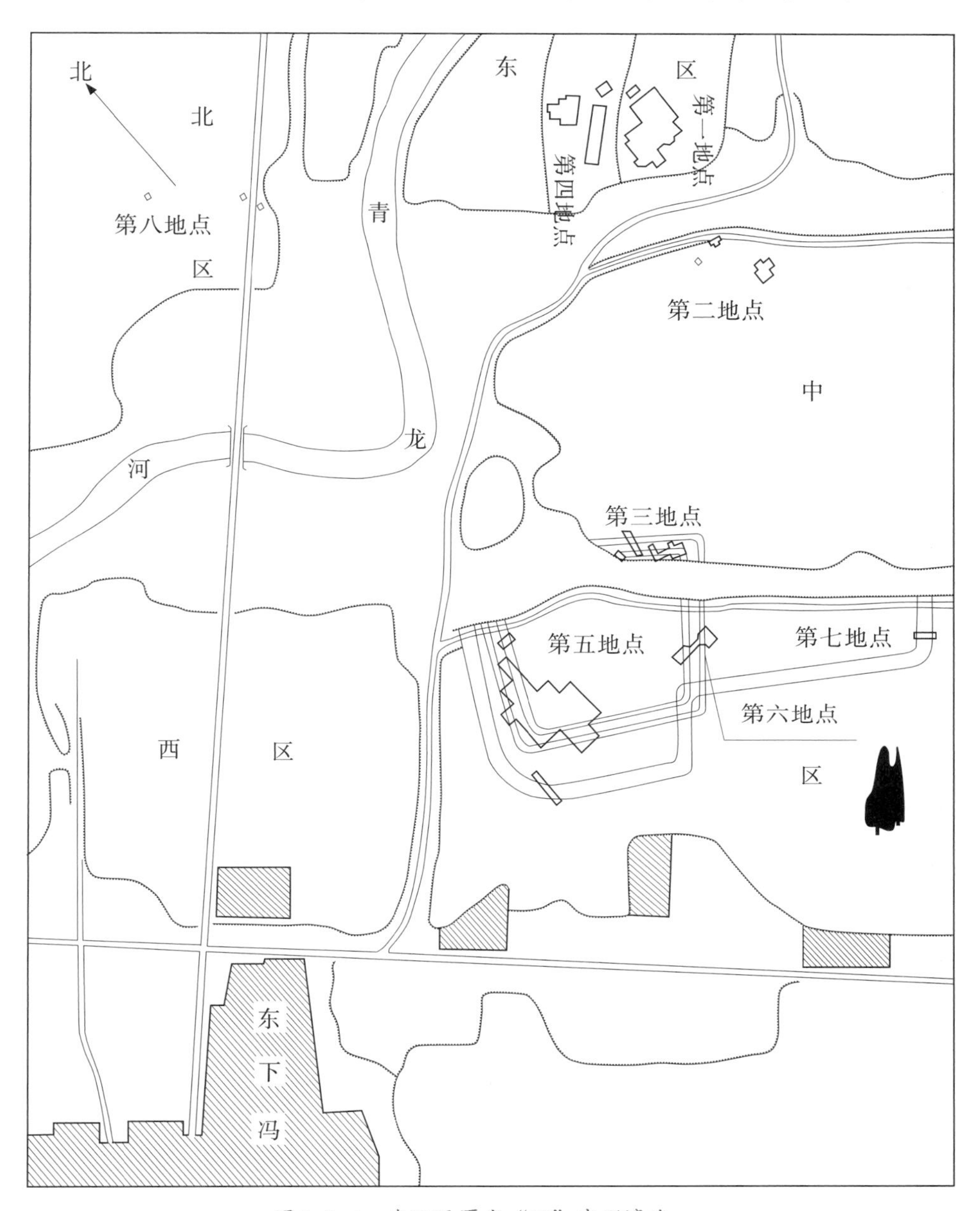

图4-2-1　东下冯夏代“回”字形壕沟

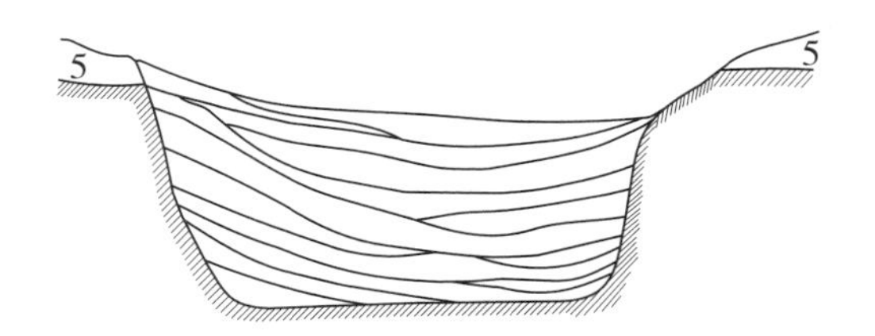

图4-2-2　东下冯夏代“回”字形壕沟内堆积

（二）民居

东下冯遗址夏纪年的房屋建筑数量较多，共有53座，按其形式与结构有地面房屋、半穴居和窑洞等多种形式。

1. 地面房屋建筑

以F570为例[1]，建筑平面呈长方形，长2.8米，宽2米。居住面整齐平坦。东南角略呈半个椭圆形，经火烧呈红色，长1.7米，宽1米。居住面垫土呈灰色，四周有夯土墙，是先挖好基槽而后夯筑的。夯层厚6厘米，夯窝径5厘米，墙残高18厘米，厚30～40厘米。墙内整齐平滑，墙皮为薄薄的一层泥浆。墙外有夯筑而成的散水。南墙中部有门，宽45～50厘米，门外有宽1.5米的一片路土，绕房屋东南角而过。

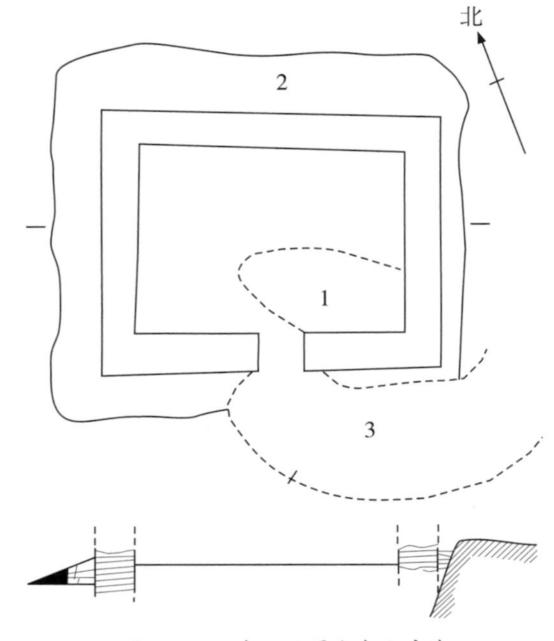

图4-2-3　东下冯夏代夯土房基

形式与结构：由门道、居住面、夯墙、散水等几部分组成。建筑程序为先掘房基再夯筑基槽，深15厘米，夯层厚6厘米。夯窝直径较大，深为5厘米。墙夯筑厚30～40厘米，外表墙泥浆一层，光滑平整。墙外夯筑散水一周，加固墙基，门道设在南墙中部，宽50厘米。房屋方向200°，体量不大，但结构紧凑，为一座典型的地面夯土层房屋建筑。

复原情况：该房屋纯属夯土建筑，且体量不大，居住面无柱洞，又是夯墙，墙外有散水，故推测其构筑当是出檐的，似四阿茅茨屋顶。

2. 半穴居式建筑

东下冯遗址中的半穴居式房屋数量不少，以具有代表性的F3为例。

形式与结构：平面是不规则的圆角长方形，长7米，宽3.5～4.3米，残高约1.9米。由门道、居住面、

[1]　中国社会科学院考古研究所．夏县东下冯［M］．北京：文物出版社，1988.

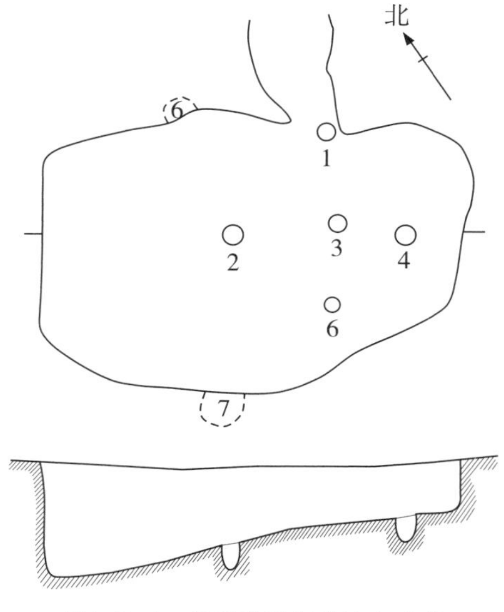

图4-2-4　东下冯夏代半地穴房基

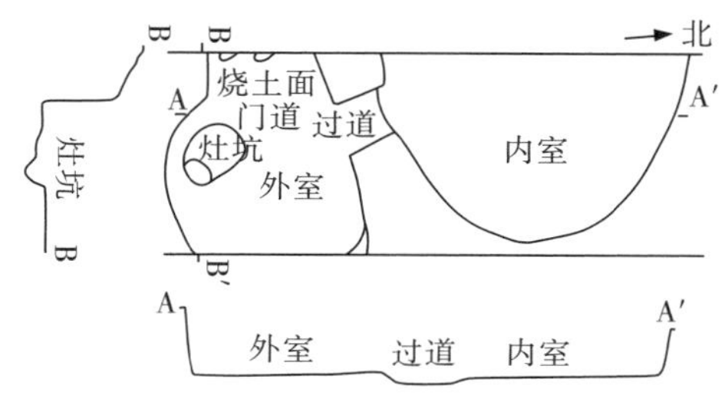

图4-2-5　垣曲夏代双室房基平、剖面图

柱洞、壁龛组成。门道设在北壁偏东处，宽 0.75 ~ 1.4 米，长 2.5 米，方向 29° 。居住面平坦，置有 5 个柱洞，柱洞径 15 ~ 34 厘米，深 25 ~ 45 厘米，梅花桩式分布于居住面的中部偏东。

营造方法：经挖基成竖穴，再用火烧烤成堲周式的门道和居室，地面和壁面皆呈红色，坚硬平整。壁龛对称设在南北两壁，形制规整。

复原情况：其形制为竖穴，壁面高于一人，而屋之东部又有 5 根柱子，故推测其屋的外观形式，当是中央支柱起横梁再沿四壁斜搭木条攒尖，为茅茨土阶的竖穴房屋建筑。

另一座半地穴式房屋，为垣曲古城发现的双室建筑 F1。

该房屋位于早期商代城址下，属二里头文化东下冯类型的夏代后期建筑。

形式与结构：平面为双室椭圆槽形建筑。外室体量较小，直径 1.85 米，内室较大，南北直径 8 米。由门道、外室、内室、烧灶等部分组成，门道面西南入外室，过道面进北内室。

复原情况：由于形式为竖穴，壁高能站立一人，居面又无柱洞，故推测房顶为沿壁边斜搭木棍屋顶的窝棚茅茨房屋。

3. 竖穴式房屋

以东下冯遗址 F586 为例。

形式与结构：平面略呈长方形，长 2.92 米，宽 2.6 米，残高 2 米，坐北向南，方向 227° 。由门道、居室、烧灶、壁龛和烟囱组成。门道在南，低于居住面，宽 65 厘米，进深 50 厘米，残高 80 厘米。居住面西角设烟囱，呈喇叭状，长 40 厘米，直径 18 厘米。门道外的东、西两边距 1 米和 2 米处各设置一个壁龛。西边的壁龛宽 34 厘米，高 75 厘米，进深 54 厘米，东边的壁龛是壁炉式，宽约 50 厘米，高为 35 厘米，进深 54 厘米。居住面平坦，四壁较直。

营造方法：掘出竖穴涤坑后，用火烧烤成堲周式房屋建筑。

复原情况：基于房屋的形制和室内无柱洞，其当为沿穴边斜搭木棍覆盖茅茨的窝棚状的建筑。

4. 窑洞住宅

东下冯遗址的窑洞住宅，发掘出土的数量最多，共 41 座，反映出这种建筑形式自新石器时代至夏代以来，一直为人们喜爱，其用途可用于居住、储藏或二者兼备。这种建筑不用建材，依地造形，大小不一。基本形式有圆形、半圆形、椭圆形和长方形四种。这里仅举三座为例。

例 1：编号 F595。形式呈椭圆形，周壁弧形上为穹庐顶，残高 1.25 米，居住面平坦，长 2.7 米，宽 2.6 米；整体结构由内壁龛、烧灶和门道组成。营造简陋，壁面整齐，上有壁龛三个，皆位于北壁，数量大体相同，口宽一般为 30～50 厘米，高为 40～53 厘米，道深 16～20 厘米。烧灶位于窑壁东南壁下，平面呈瓢形，东西长 86 厘米，南北宽 53 厘米，深 8 厘米。灶上放置呈"品"字形的支点土柱，并在灶之南端置一长 30 厘米、口径 10 厘米的烟囱。

例 2：编号 F556。椭圆形，门朝西，292° ，高 0.87 米，宽 0.55 米，进深 0.8 米。居住面低于门道，由门道、居室和烧灶组成。门道与居室的顶部形式，前者为拱形，后者为穹隆，高 1.94 米，适合人站立。窑洞的周壁和地面都很齐整。烧灶在室的西南角。从整个窑洞的形式看，体量不大，是一座典型的窑洞住宅建筑。

例 3：太谷白燕 F4。穹庐顶，平面略呈椭圆形，

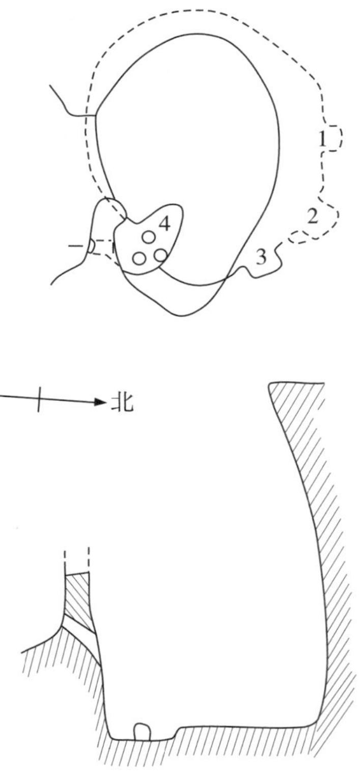

图4-2-6 东下冯夏代窑洞房屋 F595平、剖面图

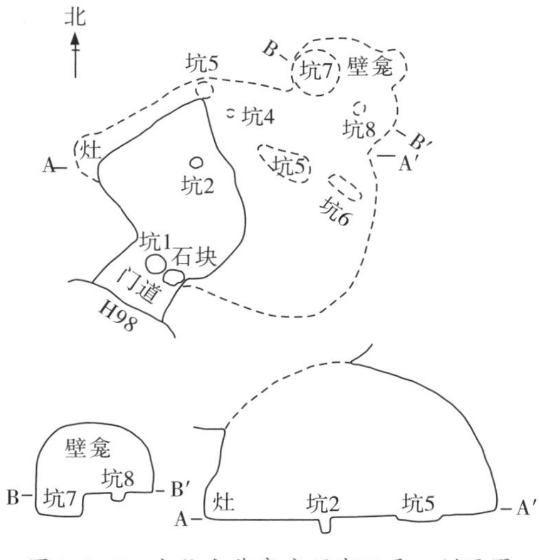

图4-2-7　太谷白燕穹庐顶窑洞平、剖面图

西北到东南3.1米，西南到东北2.3米，窑洞残存最高处距居住面1.64米。居住面较平整，有5～10厘米厚的草拌泥红烧土硬面。自居住面以上20厘米左右处的窑洞周壁也被烤成红色，厚约1厘米。室内西转角处有一穹庐顶壁龛，其底部与居住面平，口宽、高各50厘米，进深20厘米。黄土面龛底上有大小两个圆形直壁平底坑。龛顶局部被烤成淡红色。居住面上有3个圆形直壁平底坑和2个长条形圆底坑，其中，3号坑坑底和坑壁均为红烧土面，直径20厘米，深12厘米。门道朝西南，斜坡状，残长0.6米，宽0.66～0.8米，门道路土厚10～20厘米。近门洞处有一圆形底坑，坑壁向西南倾斜，旁边有一块圆形石块，其下垫有10厘米厚的草拌泥，像是有意而为之的。

（三）水井

人类的日用水源，在旧石器时代，皆来自江河湖泊。新石器时代，人类发明了水井，减轻了选址的局限性。《击壤歌》云："日出而作，日入而息，凿井而饮，耕田而食，帝力于我何有哉。"正是五帝时代农业发展的结果。进入夏代，水井在农业的生产中得到广泛的发展和运用。这里以山西夏县东下冯夏文化遗址出土的几眼水井为例加以说明。

例1：编号J501。呈长方形，南北长2.5米，东西宽0.9～1.1米，下深4米处见泉水，营造与构筑均很简单，掘土而就，井沿四边归整，井型平齐。在操作上，为上下方便，在东西两壁凿出脚窝。

虽然构筑简陋，但在中国古代的天文学和古文学上都有重大的学术意义。首先，在天文学上，中国天文历法中的二十八宿，其中的"井宿"就与中国的古井有很大的关系。据《史记·天官书》载：

“东井为水事”，《索隐·元命包》云：“东井八星”。可见，“东井”一宿的命名，正是古人以长方形水井“立名象物”的写照。因此，从建筑学角度看东下冯夏文化时期的长方形水井的构筑形式，为天文学中二十八宿中井宿的起源提供了很有学术价值的信息。

其次，在古文字学上，我国汉字的“阝”字偏旁，如“阶”“陛”“降”“陟”等字，都具有上下升降的意思，究其来源，就是用于井壁供人上下的脚窝。

例2：东下冯Ⅳ期J1。井口长方形，南北长1.25，东西宽0.9米。自井口下挖到5.5米处，井泉涌出，因而深度不明。井壁笔直光滑，东壁有两处塌落，东西两壁有供上下的脚窝，西壁8个，上下排成一条直线。

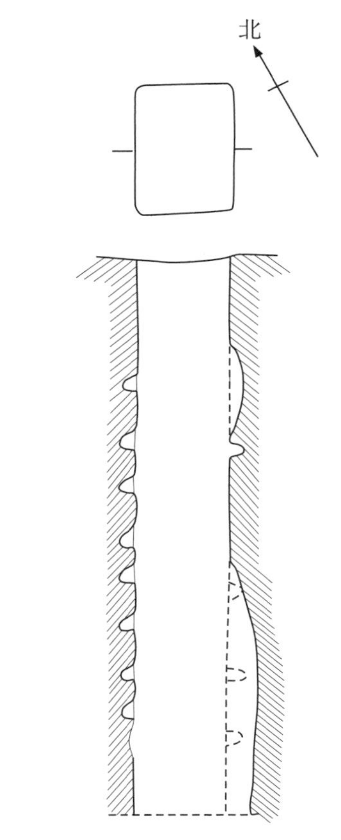

图4-2-8　东下冯Ⅳ期J1平、剖面图

（四）陶窑

东下冯夏文化遗址中的陶窑与以前陶寺文化的陶窑相比有了很大的发展，就形制来说，由瓢形发展为圆形，窑体的结构同样由窑室、窑箅、火膛三大部分组成，但体量加大，容积均可达10立方米以上。

例如：东下冯Y504。其形式大致呈椭圆形，体积不大，长1.7米，宽1.5米，残高0.26米。窑体高度在1.8米左右。

窑箅形状大小与室底大体相等，有火眼22个，为先剔出三角形再作一圆孔而成，孔上均放置形状大小不同的土来控制火的大小，这是制陶烧制工艺进步的表现。

火膛在窑室和窑箅的下面，略呈圆形，长1.6米，宽1.4米，高0.55米。火门东北向，宽45厘米，高35厘米。火门前有操作坑面，呈不规则状，长3.3

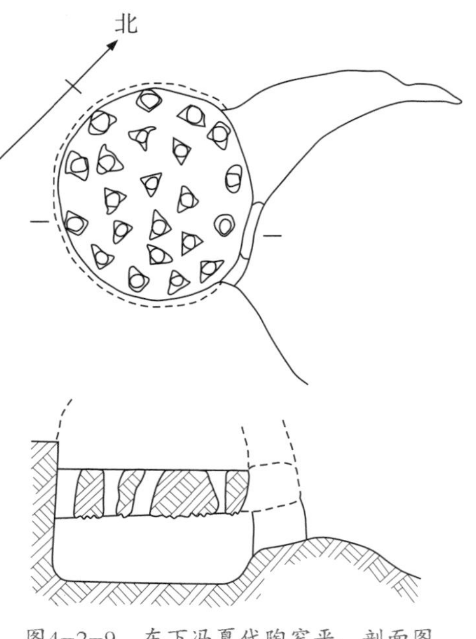

图4-2-9　东下冯夏代陶窑平、剖面图

米，宽 2.8 米，深 0.35 ~ 0.55 米。

东下冯遗址发现的陶窑为研究夏代的社会经济和手工业发展情况提供了有用的信息：一是窑积的增大，反映了这一时期陶瓷产量大大超过了以往任何时期；二是生产效率有了提高，表现在陶窑的分布都比较集中。为了制陶、烧窑用水的方便，都将窑址放置水井的附近，从而提高了生产效率，加快了产品生产进程。不难看出，夏时期的制陶手工业已与农业分开，成为专一的产品生产部门，这是陶窑建筑构筑上改进的一个有力见证。

长治市小常乡小神遗址的陶窑比较典型。其形式呈圆形竖穴式，窑室顶部已毁，残留有窑箅、火膛、火口及窑前工作面。火口在东下冯 J1 火膛北侧，呈上窄下宽的梯形。火膛直接建在窑箅下方，略呈圆筒状。火膛有 4 厘米厚的一层草木灰，之下一层烧成硬结面，同火膛连为一体。在其北侧还发现一个长方形灰坑 H62，推测窑主人对 H62 经过铺垫修整后，改造为窑前工作面。底部有两层烧过的硬结面，西北角不见，在近火口处斜坡状向里伸入。靠东侧工作间的坑壁上有一凹进去的椭圆形灶坑，大概是作为生活用火使用的。

二、夏代后期建筑

在山西迄今尚未发现夏代后期建筑的情况下，可借助河南偃师二里头发现的宫城及其大型宫殿遗址观察其全貌。

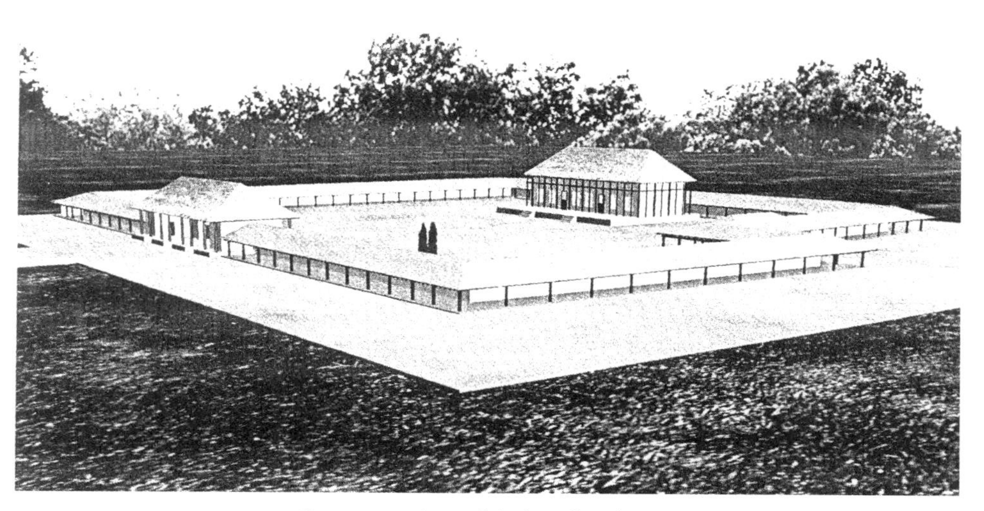

图4-2-10　偃师夏代宫殿基址复原图

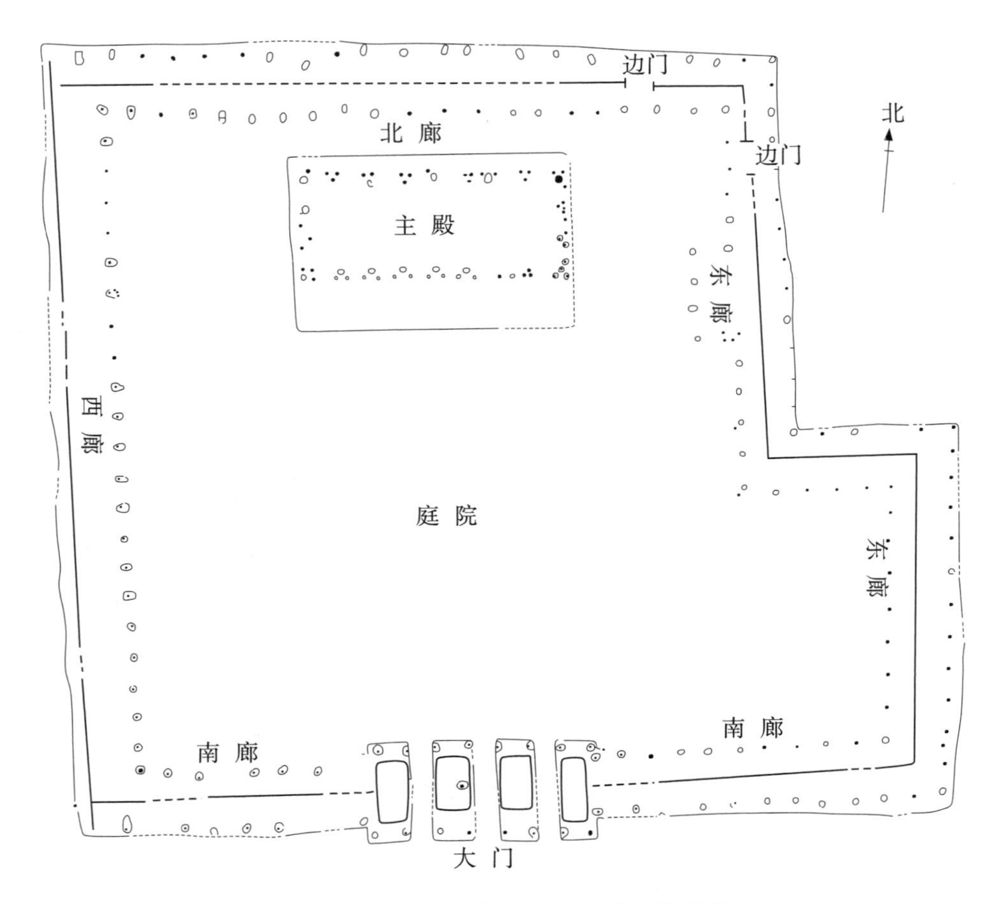

图4-2-11　偃师夏代后期宫殿基址复原图

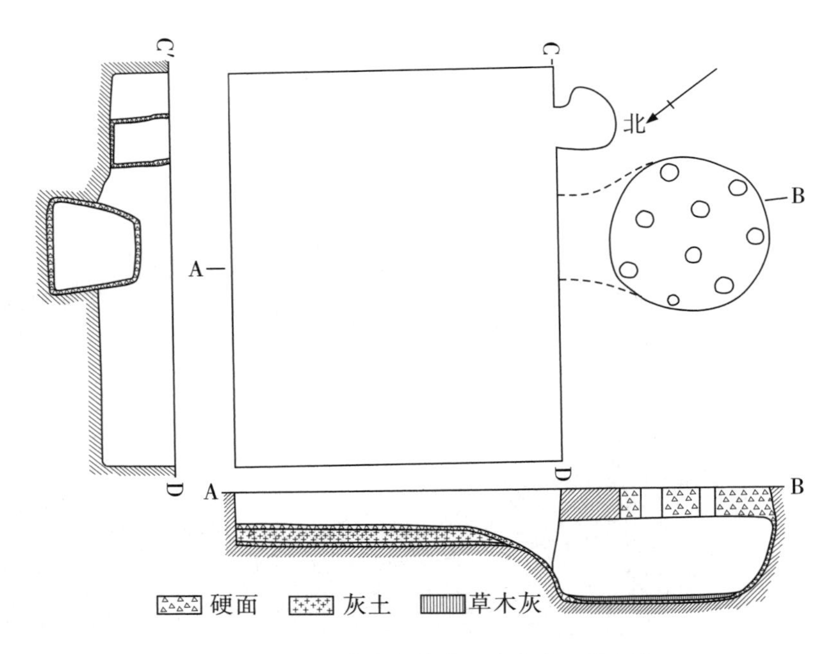

图4-2-12　小常乡小神遗址陶窑平、剖面图

二里头夏都的宫城，考古报告[1]称，宫殿的形式为长方形，南北最长378米，东西最宽295米，面积约为10.8万平方米，城墙基部宽2~3米。在宫城一带曾发掘出几座大型夯土宫殿基础，其中，1号宫殿基础的正北部与宫城的南墙相对。我们以这座宫殿基础为例来看夏在土木工程建筑上的成就。

偃师二里头夏都1号宫殿基础，据20世纪70年代发表的考古发掘简报[2]称，宫殿基础系夯土筑成，其形式略呈正方形，东西长约108米，南北宽约100米，总面积1万平方米以上。主体建筑由主殿、大门、廊庑、围墙、庭院等部分组成，方向坐南朝北。

宫殿基础几个部分的位置：主体建筑基础靠近北部为北庑，靠近南部为南庑，东西二庑对称，前庭院宽阔，南庑中部并立三大门，东庑北端和北庑东端各设一门。

各部构筑情况：主殿基础形式呈长方形，东西长30.4米，南北宽11.4米，四周有柱洞、柱石，均排立整齐。

如此雄伟的“大房子”，自然是夏王朝拥有者的宫室，据《考工记》载：“夏后氏世室”，即此。

---

[1] 中国社会科学院考古研究所二里头工作队.河南偃师二里头遗址宫殿区外围道路的勘察与发掘[J].考古，2004(11).

[2] 中国社会科学院考古研究所二里头工作队.河南偃师二里头早商宫殿遗址发掘简报[J].考古，1974(4).

第三节　商代建筑

山西有商代的建筑遗址，这些建筑按其形式、结构及其营造或构筑技术，可以说是龙山文化和东下冯夏文化的延续和发展，同时也有其时代和地域特色，特别是城址建筑，如夏县东下冯第五期商代二里岗时期的早商城址、垣曲县古城镇二里岗时期的早商城址，其绝对年代根据碳 14 测定，均距今 3750 年左右。

一、商城

（一）东下冯商城

东下冯商城城址近山傍水，城墙都覆盖掩埋在地下，部分墙体在地表下 40～50 厘米处露顶，主要通过钎探、试掘和少量的发掘了解其形式结构。

1. 城址形式与尺度

商城的西城墙长约 280 米，南城墙总长 440 米，东城墙和西城墙相距约为 370 米；北城墙未发掘，但根据中国古代建筑皆习惯对称设计的原则，应与南城墙一致。因此，东下冯商城的形式应为“凸”字形。

2. 结构与构筑

商城遗址主体包括城墙和壕沟。城墙保存较好，从出土的断面看，有梯形基槽，口大，底窄，口宽约 8 米，底宽约 7 米。内填夯土分层筑实，层次清楚，平直坚硬。夯层一般厚 8～10 厘米，最厚可达 14 厘米，夯窝密集，呈半球形，直径 7 厘米，深 3 厘米。壕沟沟口宽 5.5 米，底宽

4 米，深 7 米。

东下冯商城虽未全部发掘，但构筑形式较为独特，是迄今黄河流域罕见的古城建筑。自陶寺文化以来，城市建筑形式从正方形到“凸”字形，再到东周时期的“品”字形，这种发展变化趋势是不同寻常的，在表现城市建筑带有地域特征的同时，也表现出中国古代唐虞、夏、商、周四代政治制度的变化和拥有者社会地位、权力的变化。

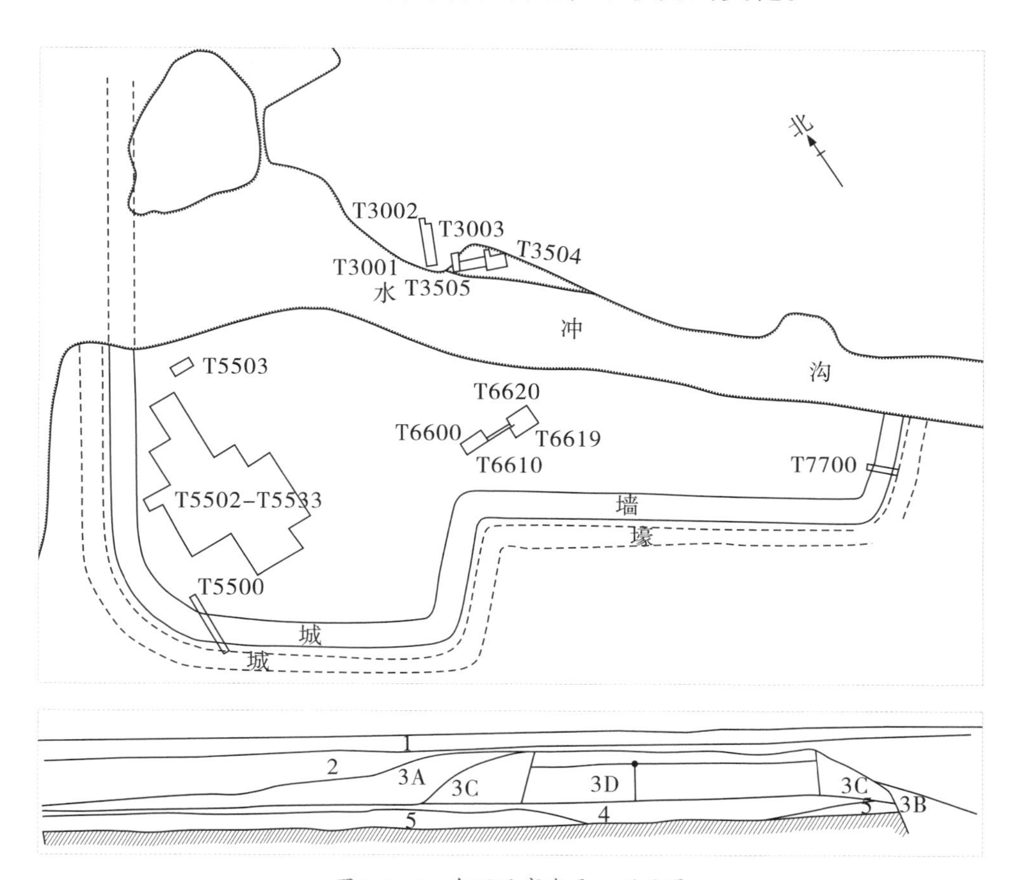

图4-3-1　东下冯商城平、剖面图

（二）垣曲商城

1. 城址位置

垣曲商城位于垣曲古城镇南关，亳清河与黄河之间陡起的黄土台地上，三面环水，东北有亳清河，东边有治西河，南紧临黄河，依山傍水，显示出地势的险要。

2. 城垣现状

城墙保存较好，其中有些段落，如北城墙迄今还屹立在地面上；而西城的内外两道城墙，其墙址遗存及轮廓仍清晰可见；南城的内外两道

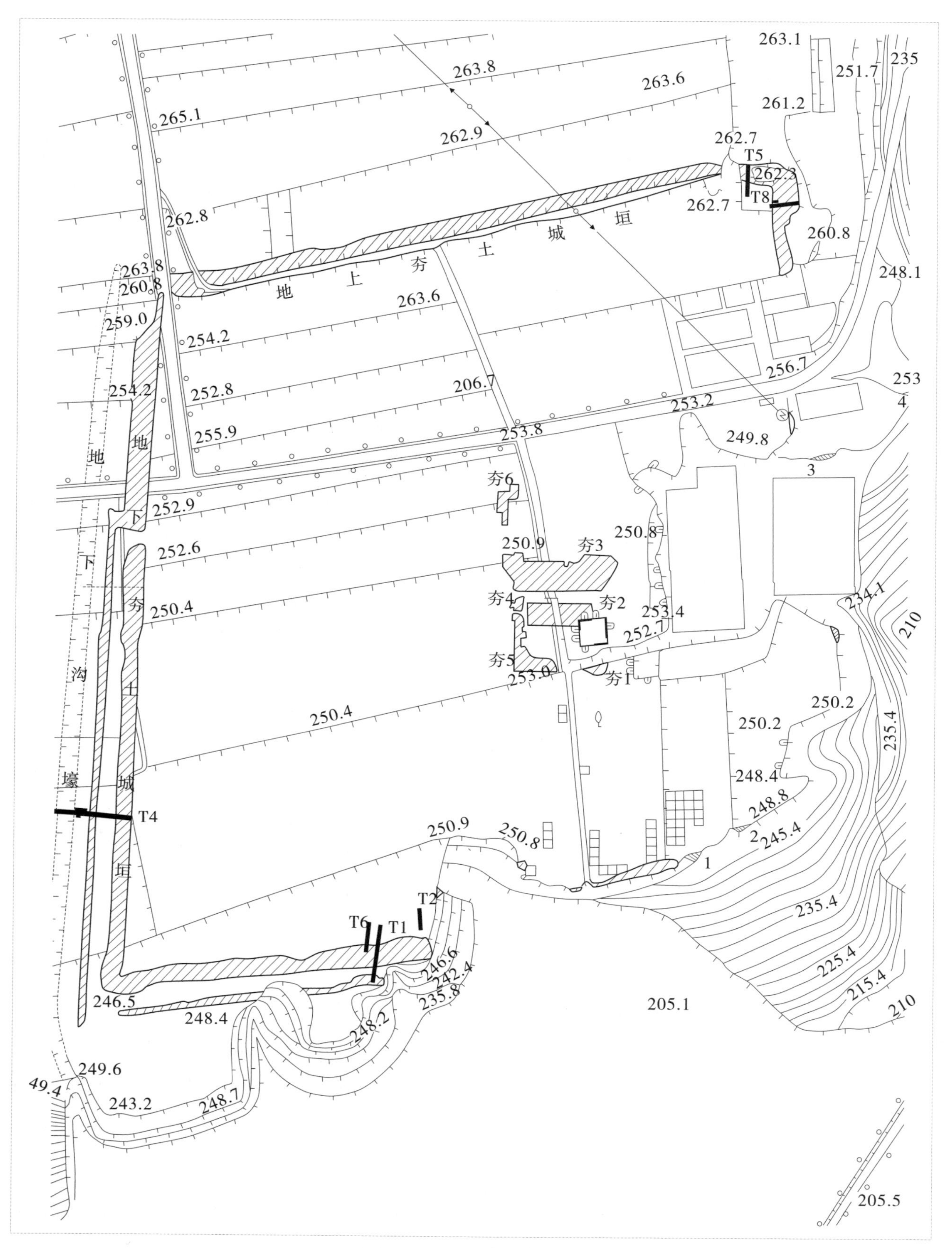

图4-3-2 垣曲商城平面图

图4-3-3　垣曲商城北城墙基槽及墙体夯层

图4-3-4　垣曲商城北城墙东段

城墙，其西段尚存，而东段已被河水冲刷毁坏；东城的城墙，虽墙址尚有遗迹可寻，但大部分已荡然无存。

3. 城墙概况与尺度

北墙概况：由裸露的墙体侧面和基槽看，其突露的墙体宽 1 ~ 4 米不等，内侧高出地面 4 ~ 5 米，外侧高出地面 0.5 ~ 0.9 米。从北墙东北角缺口向西 15 米处的北墙剖面看，墙内侧面总高 4.5 米，顶部 0.4 米以下为城墙的夯土，高 2.9 米，共有夯土 22 层，墙的外侧大部分未裸露，仍保存在地面下，全长约 338 米。

西墙概况 ：大部分保存在地面下，北断崖边露出部分，墙顶距地表 0.7 米，尚保留夯土 9 层，高 0.9 米，在纵剖面上，夯土顶距地表 0.7 米，尚保留夯土 11 层，高 1.1 米。西墙内外两边城墙均保存在地表下，在距西南角 8 米处的断崖上露出内外西墙横剖面，外墙夯土顶距地表 0.65 米，暴露夯土 5 层，高 0.5 米。内墙夯土顶距地表亦为 0.65 米，夯土 5 层，高 0.65 米。内墙在此东拐，即城的西南角，全长 395 米。

南墙概况：两道城墙都保存在地表下，西半段两墙均在同一片地上。东半段在低于内墙的另一片地上，再向东的两道城墙均被南北大冲沟截断，越过冲沟为南段的东段，只见内墙迹，而外墙已被冲毁，其长度约 400 米。

东城墙概况：北段一部分保存尚好，东北角所处地势较高，中段尚有部分墙迹，城的东南角破坏无遗，全长 336 米。

4. 形式与结构

平面略呈梯形，北窄南宽，周长 1470 米，总面积 133000 余平方米。由城墙、城门（瓮城、壕沟）组成，体量颇大，广阔宏伟。城墙的各侧角，东北角为 85° ，西北角为 107° ，西南角为 81° ，东南角已毁不清。城墙的方向与宽度：北墙为 79° ，现存宽度为 7.5 ~ 15 米。西墙的内墙方向 5° ，南北宽度不一，为 2.5 ~ 12.5 米，西城外墙长 286 米，宽 4 ~ 6 米，北端在内墙缺口以北有一宽 8 米、长 12 米的东西向城墙，横向与内相接，两端成直角向南拐。内外两墙平行，相距 7 ~ 10 米。外墙南端较内墙南端向南长出 25 米，与内墙不相连，形成一条狭长的通道，构造非常奇特。南城墙内墙现存总长 375 米，宽 2.5 ~ 14 米，方向 80° ，外墙仅两段，与内墙平行，两墙相距 4 ~ 14 米。现存长度 164 米，宽 2.5 ~ 5.5 米，两端呈西南角，与外墙不相连，其间的缺口宽 16 米。东城墙现存长 45 米，宽 6 ~ 11 米，方向 353° ，其他仅有痕迹。

该城的护城壕沟据发掘报告称是南北走向，形式宽而直，挖掘边沿和沟壁都比较齐。位置与西城墙平行，距西外墙 6 ~ 8 米，北端始于墙址西北角，南端始于台地南缘，在近城的西南角向东折，环绕城的西南大部分地方。壕沟宽 8 ~ 9 米，总长度 446 米。

图4-3-5　垣曲商城 解剖南城墙T1东剖面（西北—东南）

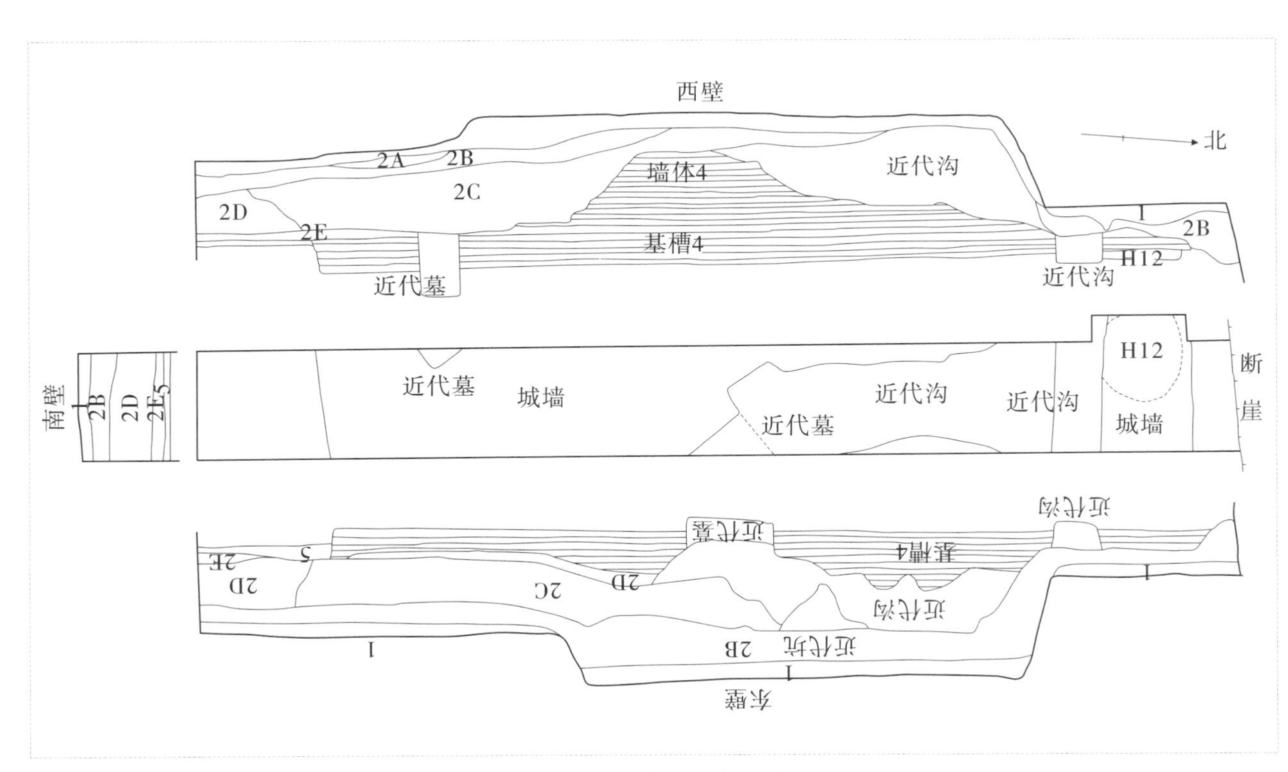

图4-3-6　垣曲商城北城墙剖面图

城门设施：报告称尚未确定，但疑有三处为该城的城门。一处是西墙中段偏北发现的缺口，宽7~8米，此缺口被外墙封闭，只有向南经过两道夹墙之间的西南角通道才能出城；一处是北墙东端的缺口，宽约10米，这可能是城门；还有一处在南墙中端向内折曲处。至于东城墙，由于墙垣被毁，已无迹可寻了。

5. 营造与构筑技术

发掘表明，垣曲商城的营造严格有序，墙体有三道工序：选址定基，平整地面，掘出墙基。从槽底起筑，为加固基槽与墙底的连接，在其外侧两面做出护坡，然后在墙体内外墙壁用横列木板夹墙层层夯筑，起建的夯墙近乎垂直。而城墙的构筑，这里同样以北城墙为例：基槽与墙体由于年久多经剥蚀，由现存的墙体中心部分看，夯土土色有别，上部为黄棕色，下层为深棕色，夯层上面的部分略薄，一般厚10~15厘米；下面部分较厚，一般为15~25厘米。土层也有区别，上部夯土一般较硬，夯窝清晰；下部不及上部坚硬，每层的层面较硬而层底较软，夯窝也不清晰。

（三）瓮城的发明

防御工程的重要标志是城墙和城门，前者是防御的屏障，后者是拥有者或防御者出入的通道。垣曲商城的屏障城墙，在上文已详述，而城门的设置，一些学者认为“垣曲商城西城墙北段的缺口当是西城门，西城门外的可谓‘第二道城墙’，当是瓮城遗迹”[1]。

首先，从文献记载来看，《国风·郑风·出其

1.西城墙外墙基槽夯窝

2.北城墙墙体夯窝

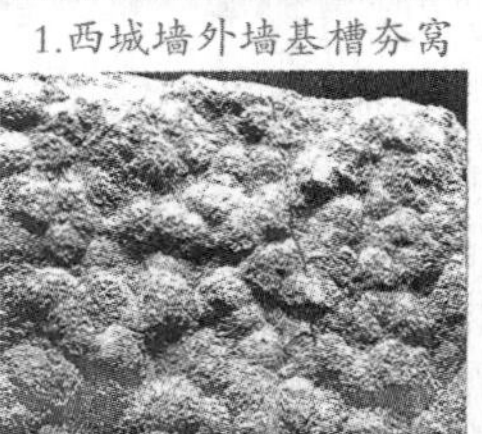
3.北城墙墙体夯窝背面

4.西城墙内墙基槽夯窝

5.南城墙外墙基槽夯窝背面

6.东城墙墙体夯窝

图4-3-7　垣曲商城各面城墙夯土比较

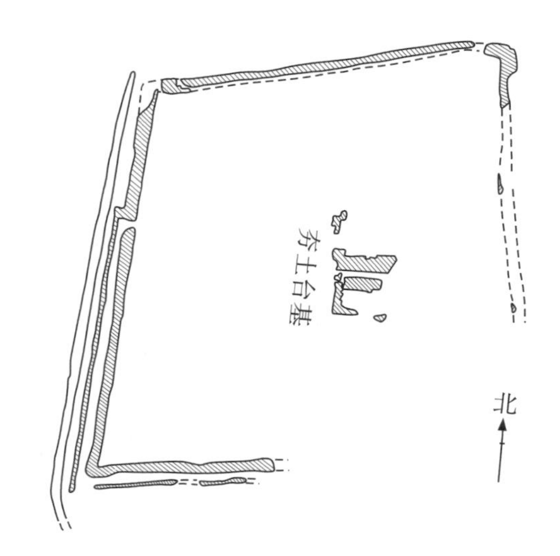

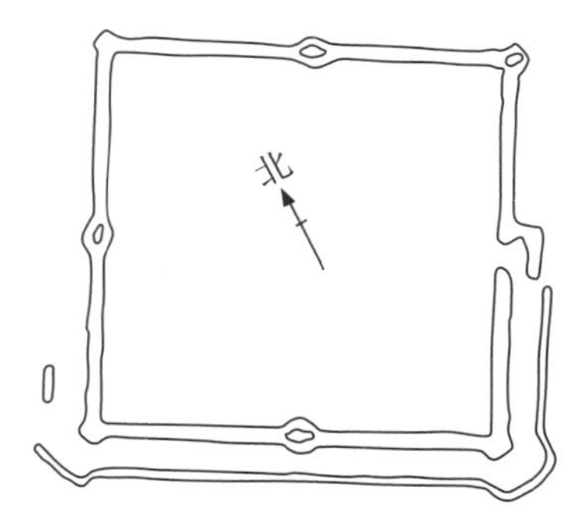

图4-3-8　上．垣曲商城瓮城示意图
下．乌力吉高勒城障遗址平面图

[1]　董琦．瓮城溯源——垣曲商城遗址研究之一［J］．文物季利，1994（4）．

东门》云："出其闉阇，有女如荼。"《说文解字》云："闉，城曲重门也。"文献中的"闉"，是指城外附设一连带小城，先秦称"闉"，汉代称"曲城"，宋代称"瓮城"。

其次，从考古文化来看，垣曲商城西墙可作瓮城形制。西墙中段偏上的缺口，当为内城墙的城门，外墙西南角为外城的城门，而平行的两道西墙及其中间的夹道，明显可视为瓮城。其形制正与董瑞先生关于汉代瓮城遗迹的描述"城墙作方形，在东城门外设瓮城，与一般城障不同的是，在它的南墙外及东西两墙外的南段，又加了一道外墙。内外两墙的间隔 14 米，中间有凹沟的痕迹。内墙宽 6 米，外墙宽约 2 米"十分相似。据此，我们能够推断出垣曲商城西城的瓮城形制，同理，东城亦应是对称的，只不过东城的城墙殆尽罢了。这正是"天子失官，学在四夷"，可将其视为垣曲商城的瓮城遗迹在考古学文化上的证据，说明它是商代边疆的一座军事城堡。

（四）殿堂与仓廪

1. 殿堂建筑

在垣曲商城的中心部分，曾发现夯土基址六处，形状有长方形、矩形、凹字形等。第二号基址位于基址群的北部，是规模最大的一座，形状近于长方形，东西长约 50 米，南北宽约 20 米，面积达 1000 平方米。第三号基址位于基址群西侧中部，规模较小，近方形，东西宽 4 米，南北长 6 米，面积 24 平方米。第五号基址位于基址群西南部，呈曲尺形，东西 15 米，宽度 6 米，南北 27 米，宽度 5 米，总面积为 200 平方米。

这一夯土基址群，分布在居住城之中心，形式多样，面积都不小，表明该城是位于统治中心的殿堂类建筑，这里出土的柱子和瓦类堆积物，为研究中国早商时期的建筑史提供了有价值的资料。

2. 仓廪建筑

在山西夏县东下冯早商城址，曾发现一群圆形建筑。按其建筑的分布、出土数量、形制特征以及历史背景等诸多因素，初步断其性质，它们当属商代的仓廪式建筑。

遗迹情况：这批仓廪式建筑坐落在商城的西南角的一个特定位置，数量不少，有 50 余座。遗迹排列整齐，至少有 7 排，每排 6 座或 7 座。

形式与结构：仓廪式基址的平面都呈圆形，直径8.5～9.5米，基址高出当时地面30～50厘米，具有排水的功能，而且都有一定量的容积。仓廪与仓廪之间都有一定的距离，一般相距13～17米。在每座基址的中心，一般都设置一个直径1.2米左右的圆底的埋柱坑，坑的中央又有一个较大的柱洞，洞直径0.2～0.3米，深0.8米。基址上面有一十字形埋柱沟槽，槽宽50～60厘米，深20厘米左右。十字形柱槽的交叉点，即为大柱子洞之所在。同时，又以大柱洞为中心将整个柱槽一分为四，每条柱槽现存柱洞数目不等，最多4个，最少1个。每座基址的周边，都有密集呈圈状的小柱洞，其数量都不少，一般在30～40个。柱洞的直径9～15厘米，间距多在85厘米左右。称奇的是，发掘中均无出入的门道发现。

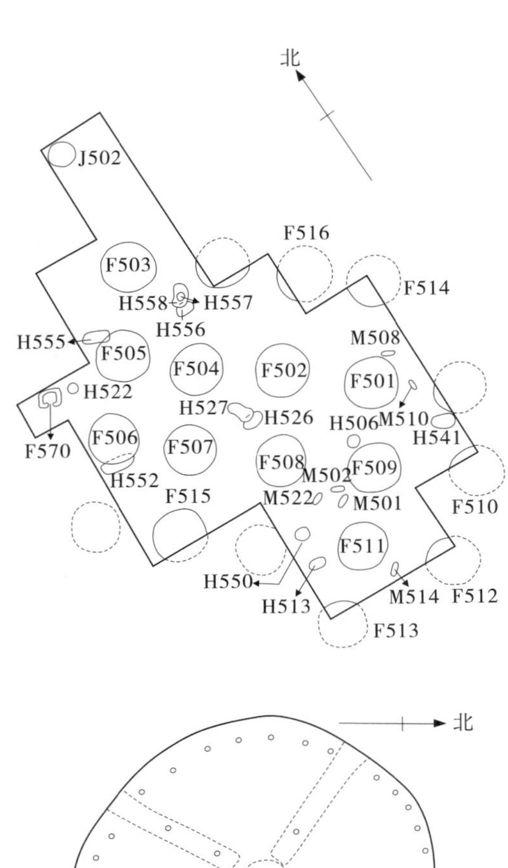

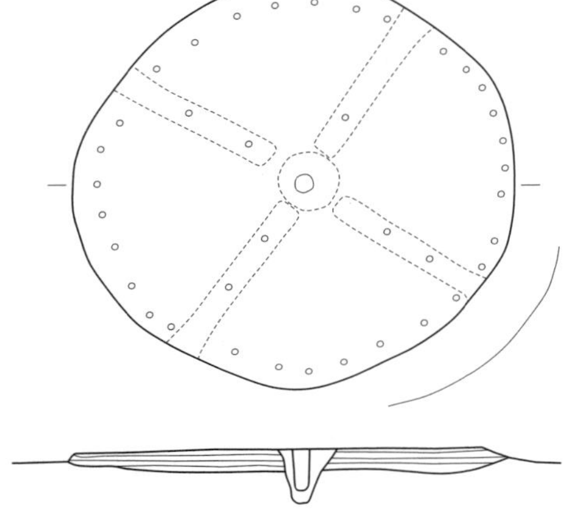

图4-3-9　夏县东下冯商城仓廪
上. 分布平面图
下. 仓廪平、剖面图

营造构筑技术：这排仓廪式的建筑基址，都是在当时的地面上，筑出浅薄夯土台基，台面夯土有3～5层，每层厚10厘米左右，后挖槽、掘坑、埋柱，都填平夯实，这里举一座为例。

例：编号F501。基址平面圆形直径9.6米，高出地面0.3～0.5米。中央有一直径0.32米、深1.3米的大柱洞1个。大柱洞呈圆形，直径1.3米。柱洞在坑的中央，其周围四边，各有一条埋柱的小沟槽，四条沟槽呈十字形，中心交叉点互不相通。柱槽长2.9米、宽0.55米、深0.15米左右。槽内发现柱洞10个，东槽2个、南槽4个、西槽1个、北槽3个。周边的小柱洞在23个以内，大小略同，直径12～15厘米、深10～20厘米。基址周边与附近皆有当时人们行走踩踏过的路土。

基址外观形式复原：主要应从其形式与结构进行分析，这种建筑呈圆形，结构奇特，台面做十字形隔离室内空间，中心以一大柱支撑顶部，周边以小木柱子相应。由此看来，应是圆形夯土建筑基址的外观形式，以中央柱子斜接周围“木骨泥墙”茅茨房顶的构架来承托大体量的屋顶，状若蒙古包式的建筑。它应为当时人们储藏粮食的建筑，古称仓廪类建筑。究其理由：

一是文物的实证。东下冯商城这一圆形夯土台基，形式特征都与上一章第三节中提到的陶寺文化中出土的明器房屋和仓廪模型极为相近。

二是基于这类建筑构筑简易。上部“木骨泥墙”，圆锥顶，下部夯柱坚硬，隔离室内空间为四，故其作用或功能，似不宜于人们的居住却宜于物品的贮藏。

三是从所在位置看。它位于城内西南角，鲜有遗迹和遗物出土，应是比较清净的地带，宜作仓廪。

四是历史文献的佐证。自文化的曙光在我国虞夏时代闪耀开始，贮存粮食之风大兴，据《史记·五帝本纪》载，帝尧曾为虞舜筑仓廪。即是有力的书证。

可见，东下冯商城发现的这批圆形夯土基址，在历史学和建筑史中都具有十分重要的学术意义。

二. 殷墟时期建筑

（一）殿堂夯筑基址

2004年，考古学者在山西柳林高红发现一处面积近4000平方米的殷墟文化时期的夯土建筑基址，是目前中国北方唯一的殷商大型建筑[1]。在这里共发现或揭露出20余处夯土基址，但因水土流失和冲沟的破坏，已难以观察出夯土建筑基址的整体和布局形式。这些夯土基址位于高红三川河北岸的山梁顶部，三面环水，地势险要，属于“堌堆”式的地形，不筑城也可起到防御的功能。

形式与结构：这批建筑基址较零散，有些尚有一定的形式。其中，编号为7的最大一处基址，形状不清，长约50米，宽约11米，高出

[1] 马升，琼燕.对柳林高红商代夯土基址的几点认识[N].中国文物报，2007-1-12(7).

当时地面约 1 米。8 号夯土台基，东西长约 42.5 米，高出当时地面约 1.5 米。基址的墙壁是利用高出地面的生土取基后再在其外侧补筑夯土而成，东西长 42.2 米，现存墙体高约 1.5 米，与 7 号分开，为独设的空间。

这些大型夯土建筑基址，目前尚未弄清其具体的形式与结构，有待进一步研究，但这里与之共存的一些夯土建筑的房屋基址，是当时北方民族的房舍情况，为研究提供了重要资料，现举其中位于此处基地东北角的 26 号基地为例：

形式与结构：长方形，东西长 15 米，宽 7.5 ~ 8.1 米，深 1 米，南北墙宽约 0.65 米。该房为院落，主体建筑内，中间有一道南北隔墙，隔开为一房二室。东室长 4.4 米，西室长 4.9 米，东墙残高 0.2 米，南墙残高 0.28 ~ 0.7 米。西室墙体大体如东室。院子面积 69 平方米，四周墙体已残破，大部分仅有残迹。西墙残长 5.85 米，宽 0.45 米，东墙残长 5.4 米，宽 0.32 ~ 0.46 米，院门无存，门道设在南墙偏东处。

图4-3-10　高红商代夯土房屋基址

营造构筑技术：该房纯属夯土建筑，地基坚实，夯层清晰，一般厚 6 ~ 7 厘米。墙体用截柱（桩）夹板夯筑，内嵌木柱，为典型的“木骨泥土墙”。有些木柱可能还起支撑房顶的作用，因此，从其外观形式看，当是夯土房屋建筑。

先秦建筑中，夯土基址规模宏大的殿堂是社会地位权力的象征，是夯土建筑的最高形式。而高红的夯土建筑群，不但面积广阔，且颇有规模，由与之共生的器物可以看出，其文化性质属北方系青铜器文化。而拥有者能构筑如此大型的夯土建筑，说明这里应是北方戎狄民族活动的中心所在。

建筑是人类生活方式的一种表现，长期以来，学术界认为戎狄民族“逐水草而居”，无一定的住宅，柳林高红大型殿堂建筑的存在，是对这一认识的纠正。

（二）民居

殷墟时期的民居，除上层社会地面木构建筑外，一般的民居仍以土穴为主。如垣曲古城东关发现的一座殷墟文化时期土穴，便是一例[1]。这座编号为F1的房子，属半地穴式建筑。

形式与尺度：平面为圆角方形，南北长2.7米，东西宽约2.65米，四壁凿地较浅，残高0.1～0.44米，门坐东向西。

结构与构筑：主要由主室、门道、柱洞和烟囱组成。主室的四面墙壁均很整齐，居住面平坦，门道开在西壁，做斜坡平台，南北长0.9米，宽0.3米。烟囱设在房子的西南角，以一陶筒作为烟道火口，东西长0.35米，南北宽0.28米。柱洞两个，一个位于居住面中心，直径0.16～0.22米，深0.14米；一个位于西外壁点的中部，直径0.2～0.26米，深0.14米。

营造构筑技术：为了防潮驱湿，F1用火烧烤居住面和穴壁，继承了这一地区自新石器时代以来传统的塈周式的处理习俗。

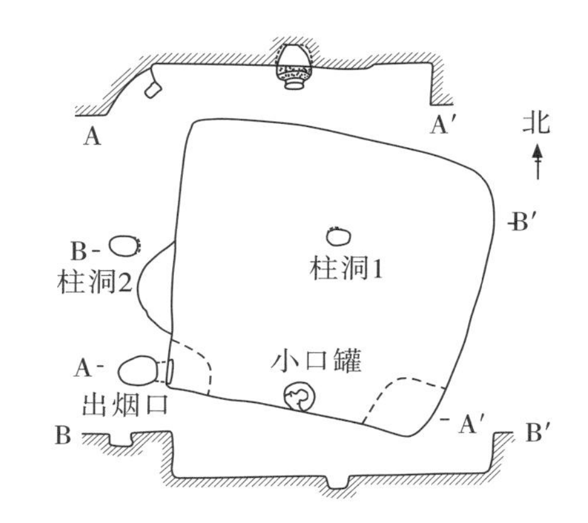

图4-3-11　垣曲商城的房基
上. 平、剖面图　下. 房基照片

[1]　中国历史博物馆.垣曲古城东关[M].北京：科学出版社，2001.

外观形式复原的推测：鉴于该房的形式与结构是塱周式的半地穴建筑，除中央和西外壁各设一柱子外，四周无柱子，推测它是一座以木条木棍沿四边壁斜竖搭架于居住面中心柱，以茅茨铺盖房顶的半地穴式建筑。

第四节　夏商时期建筑的成就

中国从原始社会走向奴隶社会，使社会面貌发生了根本性的改变，开创了建筑的新局面，这是一个相当漫长的过程。因此，中国建筑的成就直到商代的中晚期，才较为突出地表现出来。

总的来说，夏商时期的建筑不但起着承前启后的巨大作用，还为中国的传统建筑确立了许多原则和典范。举世闻名的中国建筑的独特体系，就是在这基础上一步步发展起来的。

一、夏商时代建筑各主要类型的雏形已逐渐形成

中国自夏开始才有了正式的国家，由此而派生出种种建筑类型，例如宫殿、苑囿、陵寝、官署、监狱等。已经出现的如城市、聚落、民居、坛庙、作坊等，也得到进一步的发展。

二、建城原则

在城市建设方面，最初的城市多数规模不大，设施也不完善。至于夏王朝是否已建有宫城或内城还未知，但后来建于偃师的商代都城遗址，已可分为各自独立的三区，虽然它们都有围垣，但与后世高度集中的宫城形制似有较大差别，除了以壕堑代替宫墙外，其组合方式与后世宫城形制大体一致。这些现象表明，“城以卫君，郭以守民”的原则思想至少从商代起，就已融入建筑之中并逐渐形成了构筑内外二重城垣的制度，成为以后中国古代建城的重要原则。

至于城市内部的功能分区，已不像原始聚落那样按氏族血缘聚居，

而是从功能出发，以宫城为中心，将官舍、民居、作坊、道路等环绕其周围，同时也将某些建筑予以适当集中。在偃师商城中，中央宫城左右建有围垣的两组建筑，显然是有规划布置的非民间建筑，就其体量与位置而言，除了功能外，还能反映出礼制观念。各类作坊相对集中，主要是为了便于生产及管理，但分区并不十分严格，有的还与一般民居混杂。

三、“前朝后寝”的宫室布局

作为王朝执政与生活所在的宫室，常常是殚尽人力与物力来建造的。因此，它们能够反映当时建筑的最高水准。即使在早期的“茅茨土阶”阶段，宫室的广庭高阶仍然比黎民的低湿穴居要高级得多。

以庭院或廊院为单元的建筑组合，于商代各期宫室遗址中多有所见，是我国已知的建筑平面组合的早期使用实例。河南偃师二里头夏代 1 号宫室与 2 号宫室的发现，表明廊院布局在商代以前已相当成熟。而晚商殷墟宫室的庭院平面，其三面或四面皆置有大型建筑，与夏末的廊庭又有所区别，形式与当今建筑更为相似，说明它渊源久远。

宫室组群沿中央轴线（大多南北向）做对称布置，在商代后期宫殿遗址中已很显著。这个原则虽然在古代世界各地都曾应用，但对于中国古代建筑（特别是皇室及官式建筑）却更显得尤为突出与重要，并成为数千年一贯的原则。

从各遗址来看，凡宫室建筑都建于地面土阶之上，而未见有如当时民居之半穴居或穴居形式，这不仅是从舒适度出发，而且还是等级制度在政治和建筑上的需要和反映。

四、夯土技术的进一步发展

夯土筑城起墙，在原始社会城市及聚落遗址中已有实例，且为数不少。这种夯筑技术起源甚早，且不断完善。

商代夯土广泛应用于筑城、屋基、墙体等处，技术不断提高。例如，为了使宫室建筑在大面积夯土地坪上而不致下沉，就要对夯土的均匀性和密实性提出更高的要求。在石料匮乏和陶砖尚未出现的情况下，夯土无疑是最重要的建筑手段之一。商代在建筑中对夯土的广泛使用，为后代在此领域中技术的发展与质量的提高打下了基础。

五、大叉手式木架成为建筑的主要结构形式

大叉手式人字屋架是夏商建筑屋顶的主要结构形式，如偃师二里头1号及2号宫室所示。无论正殿还是廊屋，均有排列较整齐的柱网，一般柱间距不超过4米，进深达11.4米。而建于商代早期的尸乡沟商城5号宫室上层遗址之进深更扩大为14.6米。采用人字形梁架才能完成屋盖的结构体系。

六、其他建筑技术的长足进步

在建筑技术方面，根据夏商之城址、宫室、王陵、民居等许多遗址的实测，其主要轴线均为坐北朝南，说明商人测定方位的技术已经相当成熟。

土坯砖之使用见于藁城台西之F2及F6房址，均置于夯土墙上部。土坯长32厘米，宽27～29厘米，厚8～10厘米。砌时保持上下错缝，土砖间用黄泥浆黏合。

木柱仍埋入地下，柱底多以天然砾石或河卵石为柱础。覆盖在茅茨屋顶脊部的早期陶瓦，其出现时间较西周早，至少在晚商已开始使用。

铜质工具的广泛使用，不但有利于建筑材料（如木、石……）的采伐，也有利于对它们的加工。然而，无论是夏商时期的大木构架还是小木构件，目前都缺乏实物论证。

木构件的重大缺点之一是不能受潮，否则很容易腐朽，至少从夏代晚期已开始用漆涂抹木材表面以求防腐（见于偃师二里头2号宫室后侧大墓），这是建筑技术的重要进步之一。此外，以多种色彩涂绘其表面的纹样，还增加了建筑的美观，可谓一举两得。

第五章

周代建筑

第一节　周代的历史和社会概况

尊崇姜嫄为始祖的姬姓周人，是我国西北地区羌人的一支。在新石器时代初期，即传说中的神农、黄帝时代，他们就生活在今日甘肃南部的洮河流域。到新石器时代中晚期，其首领公刘率领族人东移到甘陕边境的渭水河谷，并逐渐由游牧生活转变为农业定居，当时的族人后稷，就以工于相地与稼穑著名，从而被后世尊为农神。古公亶父之孙姬昌，被商王册封为长西方各路诸侯之西伯，曾收附虞、芮两国，攻灭黎、邘等地，又新作城丰邑。由于周人实力日益强盛，且发展重心逐步东移，不可避免地与商王朝发生种种冲突。这时，正值商纣王在位，他的横暴荒淫与倒行逆施，激起众多诸侯与黎民百姓的反对，内部矛盾日趋尖锐。姬发继位后，趁商王长期讨伐东夷实力疲惫之际，联合各地诸侯起兵。公元前1046年，两军会战于牧野，纣王兵溃至鹿台，举火自焚，周人遂以全胜取得天下。

姬发登天子位，建国号周，从此揭开了中国古代历史新的一页。自武王立国到战国末秦昭襄王五十一年（前256年）灭周，周王朝共立主37，历时790年。两周时期的近800年间，是中国奴隶制社会逐步崩溃，封建社会思想和制度的产生、发展和成熟时期，对于未来几千年中国的历史影响深远。

周代封建制度的推行，首先表现在它政体的指导思想和体制构成上。“王权至上”的思想从夏商以来就不断加强，到西周时更加突出。周天子是凌驾于国内一切政治力量之上的最高权威，犹如金字塔的顶点，塔身则是由层层分封的大小诸侯和他们的附庸、陪臣所组成，而严格的等级制度和上下隶属关系，犹如建筑砌体中的灰浆，将各部组合的构件凝为一体。在“普天之下，莫非王土，率土之滨，莫非王臣”的原则下，以及当时社会经济仍以农业为主要来源的条件下，采用“裂土分茅”的土地分封制度，是周王室巩固自身政权的唯一选择。武王定鼎后，即对王室近亲等进行封赏。《左传·昭公二十八年》载：“武王克商，光有天下，其兄弟之国者十有五人；姬姓之国者四十人，皆举亲也。”而《荀子·儒效篇》则称：“周公兼制天下，立七十一国，姬姓独居五十三人。”《韩诗外传》载：“载干戈以至于封侯，而同姓之士百人。”虽然各书记载之数字有所出入，但周王大封宗室子弟，是毫无疑问的。在这方面，《左传·僖公二十四年》更有详细描绘：“管蔡郕霍，鲁卫毛聃，郜雍曹滕，毕原酆郇，文之昭也。邗晋应韩，武之穆也。凡蒋刑茅胙祭，周公之胤也。”

第二节　晋国早期都邑

公元前 11 世纪初，周朝建立不久，武王姬发病故，他的儿子姬诵即位，即周成王。周成王即位不久，管叔、蔡叔就纠集商纣王的儿子武庚和殷商旧民发动了大规模的武装叛乱。

这次叛乱给周朝统治者留下了极为深刻的教训，如何加强统治，防止类似的叛乱再次发生，成了周王朝亟待解决的头等大事。除了营建洛邑、扩大王室之外，另一条得力的措施，就是把周王室的嫡系子弟、亲属和异姓开国元勋的后代分封各地，为周王室做屏障。这次分封的诸侯国多达 70 余个，绝大多数都是姬姓，主要的有齐、鲁、卫、宋、燕、楚、芮、徐、蔡、霍、曹、虞、越、吴、虢、原、滕、毕、邗、晋等，地处山西的晋国就是在这种背景下出现的。

晋国之封始于叔虞，虽然不像《史记·晋世家》所载“桐叶封弟”那样传奇，但封唐的事实确证无疑。晋公𥂴与栾书缶铸器年代相差不远，都有关于唐叔虞的金文记述。

晋公𥂴：“晋公曰：我皇祖唐公，膺受大命，左右武王……”栾书缶：“正月季春元日己丑，余畜孙书也”，择其吉金，以作铸缶，以祭我皇祖……”晋公言我皇祖唐公与栾书言我皇祖虞其义一也。

《史记·晋世家》云：“武王崩，成王立，唐有乱，周公诛灭唐。”说明唐为殷及周初方国。甲骨卜辞中也有关于唐的记载：

贞：作大邑于唐土，己卯卜。

争贞：王作邑，帝若，我从之唐。

可见，不但有唐，且以此作邑，但迄今为止，“河汾之东，方百里”的范围内，尚未发现殷墟时期的考古学文化遗存。

第三节　晋国的创立

晋国是在古唐国的废墟上建立起来的。要想了解晋国创立的历史，就必须从古唐国的兴衰谈起。

殷周之际，在太岳山西麓的浍河中上游流域，有一个古老的小国，史称唐国。唐国的范围大约在今翼城、曲沃和绛县之间，其中心区域当在浍河上游的翼城。古唐国具有十分悠久的历史，从《左传・昭公二十九年》的记载可知，其先祖就是陶唐氏，即唐尧部落。唐国在夏商统治时期也曾多次迁徙，直到商代后期才在浍河上游建立了唐国。周武王克商时，古唐国也被征服，且被周朝保留下来，这在大丰簋铭文中已有记载。与此同时，在晋中盆地的太原也有一个称为“北唐戎”的唐国，但与上述的唐国仅为同名。古唐国因参与管叔、蔡叔发动的武装叛乱，被周公派兵消灭。周公把唐国的王室贵族都迁到了王畿附近的杜，故又称唐杜氏。为了加强对这一带的统治，周成王就将其弟叔虞分封于唐，这就是晋国及唐叔虞的来源。

关于“叔虞封唐”，《史记·晋世家》是这样记述的，成王与叔虞戏，削桐叶为珪以与叔虞，曰：“以此封若。”史佚因请择日立叔虞。成王曰：“吾与之戏耳。”史佚曰：“天子无戏言。言则史书之，礼成之，乐歌之。”遂封叔虞于唐。叔虞是武王姬发的儿子，成王姬诵的同母弟弟，字子于。其时周成王似尚未亲政，叔虞亦在少年。桐叶封唐的故事把事关周初政治生活中封藩建卫的一件大事，描写成一段儿童戏语，恐与史实不符。“管蔡之乱”给了周王朝一个深刻的教训，他们认识到，若要巩固统治，就必须在叛乱者盘踞的地方建立军事据点，实行武装控制，从而达到拱卫王畿的目的。因此，叔虞封唐也像鲁、卫、宋等国一样，是在这种特定形势下采取的有计划、有目的的重大举措。

第四节　三家分晋

从公元前 557 年，晋平公即位，到公元前 453 年这百余年间，是从六卿专政到三家分晋的过渡时期。这一时期又可大致分为两个阶段：前五十年为一个阶段，即六卿轮流执政时期，因为六卿的力量大致相当，也就能维持一种相对均衡的政治局面，而在暗中，六卿都加紧增强经济军事实力、建设牢固的根据地，为下一步更大的兼并做好准备；后五十年为一个阶段，这一段是六卿兼并斗争的高潮，赵、韩、魏、智四氏消灭了范和中行氏，赵又联合魏、韩消灭了智氏，并尽分其地，完成了三家分晋的历史任务。

魏的领地绝大多数在今运城地区以及临汾、晋东南的个别县，安邑是其中心，后来成为魏国的都城。

韩的领地主要有平阳、州县、箕、马首、蔺等地，后来形成以平阳为中心，贯穿山西中、南部的狭长形地域。

赵的领地范围最大，赵氏先祖的始封地是今洪洞县的赵城，遂称赵。赵盾死后不久即发生了下宫之役，赵氏被族诛，所有封地皆入公室。赵武复位之后，才把耿、原、屏、楼、晋阳陆续收为赵之领邑。赵武生子赵成，赵成生子赵鞅。赵鞅生活在六卿兼并时期，在公元前 6 世纪末修建晋阳城，城址选在今太原市南郊的古城营一带，东临汾河，南濒晋水，西依龙山。地形可谓险要，城墙厚且高，宫室以铜为柱。当时负责修建晋阳城的尹铎曾请示赵鞅："让晋阳作为提供赋税的城呢，还是作为保护的屏障呢？"简子回答："作为保护的屏障。"尹铎便按赵鞅的意图去做。

至此，晋国已经为赵、魏、韩三家所有，名义上的晋公室虽然还在，但已经空有其名了。等到赵、魏、韩三家被周王室正式列为诸侯，最后一任晋国国君晋静公也被赵、魏、韩的国君废为庶人，连名义的晋国也不存在了，而泱泱春秋大国所创造的晋文化则由三晋继承并得以发展。

第五节　晋及三晋的社会形态

晋国和三晋尽管关系密切，但其社会形态却存在着本质的差异，不管从生产关系、生产力来看，还是从上层建筑及意识形态来分析，晋国的社会性质仍是奴隶社会，三晋时期则是封建社会。晋国社会的统治阶级由晋公室、卿大夫和士三个阶层构成，被统治阶级由庶人、手工业者和商业劳动者组成，数量最多的是生活在社会最底层的生产奴隶和统治阶级的家庭奴隶。三晋的统治阶级由新兴的地主阶级代表——国君、各级官吏和士组成，被统治阶级则是由大量的自耕农、手工业者、商业劳动者和奴隶组成。这一阶段的奴隶大多以家庭奴隶的形式出现，生产奴隶则多为刑徒。三晋的国君都是由晋国的卿大夫发展而来，晋国末期的卿大夫具有双重身份，他们既是腐朽没落的奴隶制国家的大臣，又是新兴地主阶级的代表。对晋国而言，他们凭借着雄厚的实力、优越的地位竭力破坏旧的奴隶制；对三晋而言，他们是名副其实的最高统治者，是新兴地主阶级的代表，也是从春秋到战国历史舞台上的主角。

国君是晋国的最高统治者，其所辖的领地从名义上讲属于周天子，正所谓"普天之下，莫非王土"。实际上，各诸侯国国君在自己领地上的权力要比周王畿以内封邑上的官吏权力大得多，除非诸侯叛乱并失败，诸侯的领地是不会被削减或没收的。晋国国君直接控制的土地除都城周围的郊区外，还有遍布全国的大小采邑。另外，国内的山川林泽也都属国君所有，是王室的私有财产。国君可以把其中一部分土地赏给亲戚和功臣，作为他们的俸禄。从卿大夫到下层统治者的士，都有或多或少的采邑，他们同样以劳役的形式强迫庶人、奴隶为其无偿劳动，而收获却归为己有，但须从中拿出少部分上缴国君，称之为交纳“职贡”。

春秋时期，晋国曾长期做诸侯的霸主，各国的诸侯必须按本国的爵秩等级向晋国进贡。这种贡品往往一次就需要上百辆的车子装载运输，可见，收贡的数量是很大的。除此之外，从事手工业、商业的人还须向国家交纳市场税、关隘税、交通税等，这也是国君的一个经济来源。正因为国君财源滚滚，所以才能维持其奢侈的生活，如晋灵公“厚敛以雕墙”等。而晋平公则大兴土木，在国都以外修建了铜鞮、虒祁等行宫，规模长达数里，虒祁宫之豪华，令诸侯观者无不为之寒心，在当时生产力尚不发达的条件下，往往是一宫落成万骨枯，国君欢喜万家悲！晋平公还沉湎酒色，迷恋“新声”，就在其醉生梦死的同时，还连年发动战争，沉重的军赋徭役不知夺取了多少人的生命。

第六节　西周时期的建筑

周成王封叔虞于唐，唐的地望史已指明在黄河和汾河之东面，20世纪50年代，考古工作者调查发掘了晋南最大的天马——曲村西周遗址。天马村位于遗址东部，属翼城县，曲村位于遗址的西部，属曲沃县，两村东西相距约2.5千米。遗址的范围为天马、曲村、北赵、毛张四个村子，总面积10.64平方千米，正处于汾、浍二水间。

天马——曲村遗址地处曲沃盆地北部边缘地带，北靠塔儿山，东临绵山和翱翔山，南与紫金山（绛山）对峙，地势自东北向西南平缓倾斜。汾水的支流——浍河发源于塔儿山，经天马村东向西南注于汾河，致使遗迹三面环山，一边临近汾河，地势开阔，土肥水美。据发掘报告称，共有296个考古单位，主要有城址、房屋住宅、水井、窑穴和陶窑等。

一、城址

目前尚未发现围绕天马——曲村遗址的城垣建筑，仅在天马东的苇沟村之南、北寿城村之北约1000米处，发现一段晋文化时期的古城墙[1]。

试掘表明，这一段古城墙，内残存长约10米。墙基在土上，残存高1.5米，上部宽8.8米，下部宽8.3米，基槽内的夯土坚实，夯层清楚。从内墙基断面看，是分五段构筑的。城址其他三面未见，估计其面积在800×800米范围之内。

[1]　张颔．翼城曲沃考古勘察记［M］．考古学研究，1992（00）．

南　北

耕土　黄色夯土　生土

图5-6-1　苇沟——北寿城晋文化时期遗址墙基断面图

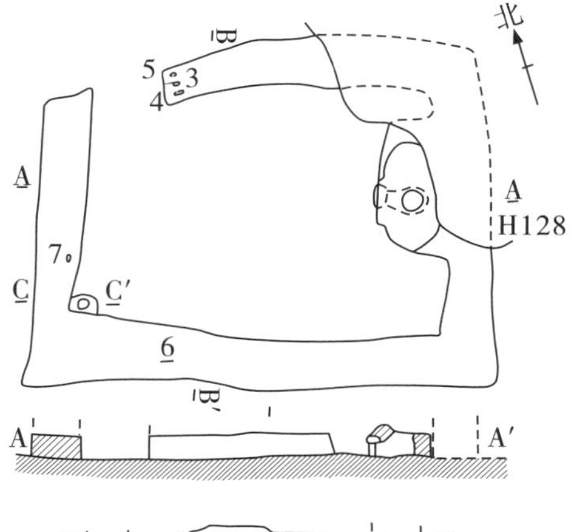

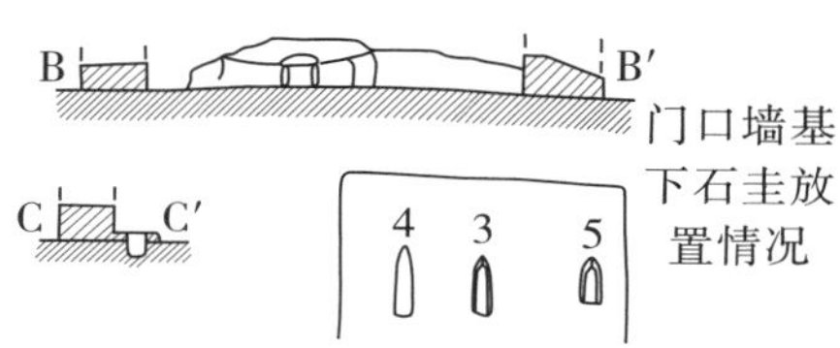

图5-6-2　天马——曲村西周夯土房基平、剖面图

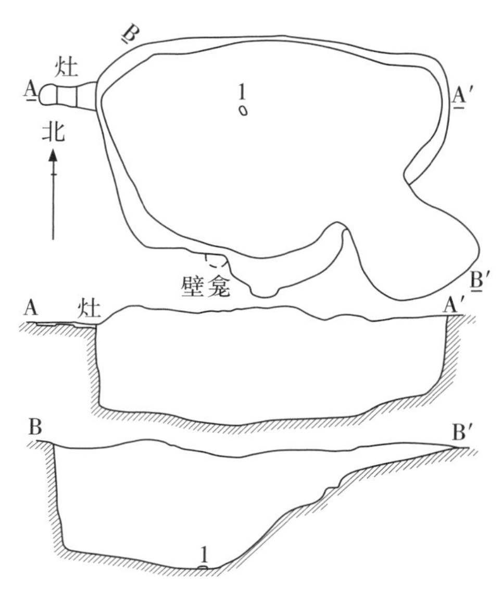

图5-6-3　天马——曲村西周半穴居房基平、剖面图

二、房屋建筑

天马——曲村西周遗址中发现的房屋建筑，有地面建筑和穴居式两种，这里各以一座为例。

地面建筑以编号 J6F11 为例，该房屋保存尚好，形式完整，规模虽不大，但营造讲究，构筑尚细微，属夯土建筑的房屋。

形式与结构：平面呈长方形，由门道、墙壁、柱子洞和烧灶组成。门道设在房子的西南角，烧灶之房位于东面居住面上，柱洞仅 1 个，位于房子西隅。主室东西长 3.7 米，南北宽 2.6 米，居住面平坦、坚硬，墙体的尺度，以南墙两角为限，长 4.7 米，厚 40 ~ 80 厘米。柱洞呈椭圆形，直径 10 ~ 12 厘米，深 16 厘米，高出居住面约 7 厘米。

营造或构筑：房屋的四面墙体，皆由夯土筑成，纯系版筑，墙体基本垂直，里表修整光平，夯土质细坚硬，较为讲究，炉灶建在夯土台上，挖造而成，有炉门、火造、火膛、火口四部分，结构尚属完整。

外观形式的推测：鉴于该地面夯土房屋地基平面形式保存完整，墙体有一定高度。但室内和墙体，除西南角有一柱洞外，其余各部位未见有柱洞痕迹。故此，推测其屋的外观形式或只能沿夯墙斜置木棍集于中心，绑扎成坡形茅茨房顶的夯土地面建筑。

半地穴式房屋以编号 J7F10 的一座塱周式建筑

为例。

形式与结构：平面呈不规则椭圆形，上口长约 5.1 米，宽约 4.1 米，穴深约 1.8 米，由门道、居室、炉灶和壁龛组成。门道位于房子的东南，以中线为准，方向 145°　。形式为斜坡，上口长约 1.7 米，宽约 1.2 米。墙壁挖在生土上，平面近乎斜直。居住面西部平坦，东半部微呈缓坡状。为了防潮驱湿，对地面构筑的处理普遍用火烧烤成塱周式的居住面，土屋都较为坚硬，南边壁面设一小壁。炉灶设在居住面的西壁，向外伸出呈长条形，长 90 厘米，宽 30 ~ 44 厘米。

外观形式的推测：鉴于室内无柱子设置，加之墙壁较高，能站立一人，故应是沿房屋的墙壁搭架斜木，集成窝棚状茅茨房顶的地穴式建筑。

三、铜器仿木建筑构件

西周时期的地面木构建筑，在考古工作中难以发现，但在青铜器上偶有仿木构的构件者。山西闻喜上郭村的一座西周墓出土一件“刖人守囿铜挽车”，其构件中的车厢门就是仿木构门而成，是反映西周木构建筑的一份重要资料[1]。

“刖人守囿铜挽车”形制小巧，车身为一长方形车厢，上口方折沿，顶底四周都超出车厢四壁，车厢顶部和四壁均有两扇对开的方盖，四角各设置一兽，从外观上看，整个车厢俨然一间木构房屋，而车厢的两端之一端，却铸出了两扇能开闭的仿木门。这两扇对开的小门，门轴分别嵌在四个兽首的口中，门可以开放摆动。一扇门上铸嵌一受过刖刑的裸体铜小人，腋下还夹一门栓。门栓一端亦为一卷唇的兽首，栓身贴近门的一面有凹槽，门上有一小钉，卡于槽内，以限制门栓不易脱落。另一扇门上有桥形插孔，门栓插入此孔，门则不可启动。

可见，这种“刖人守囿铜挽车”弄器的发现，不仅形象地反映出西周时期木构建筑的造型，还生动地表现了构筑施工技术的制作过程，在对构件的联结接合上，除了用榫卯外，还使用了固定构件的钉类予以结合加固。这种在木构建筑中的细部加工处理技术，我们在有关遗址的发掘中是很难发现的。因此，可以说，这种“刖人守囿铜挽车”，

[1]　山西省考古研究所．闻喜上郭村 1989 年发掘简报［J］．三晋考古，1994（1）．

图5-6-4 闻喜出土铜挽车仿木门构件

它既是一件西周时期少见的青铜艺术品，也是一件反映西周晋国上层社会的豪华美丽房屋住宅外观形式的重要史料，在中国建筑史上，尤其是在西周建筑构筑中具有很有价值。

四、水井

天马——曲村遗址发现的水井有十口之多，形式有竖井式和带龛式之别，但其设计的供人们上下的脚窝的基本特征却是一致的。下面举几口井为例：

例 1 ：竖井式水井

平面呈长方形，四壁颇直，且光滑平整，在井的南北两壁挖出对应的供人们上下的脚窝 15 对，脚窝同距 25 ~ 45 厘米，恰是人上下一小步的距离，各脚窝尺度一般为宽 13 厘米，高 8 厘米，深 8 厘米。

井口、井底的长和宽也相近，长 180 厘米，宽 95 ~ 100 厘米。井深在 11 米以上，底部为淤泥。

例 2 ：Ⅰ式带龛水井，编号Ⅳ H412

平面呈长方形，结构上与上式不同处在于，在井深 7 米处扩出一龛台，宽约 84 厘米，进深可达 160 厘米，将井分为上下两部分，上部存有脚窝 7 对，下部井身到底。井口部东西长 280 厘米，宽 210 厘米。在井壁中的下端可设置井龛，由形式结构和位置看，为刻意建造的，其面积空间之大，像食物防腐冷藏之处。

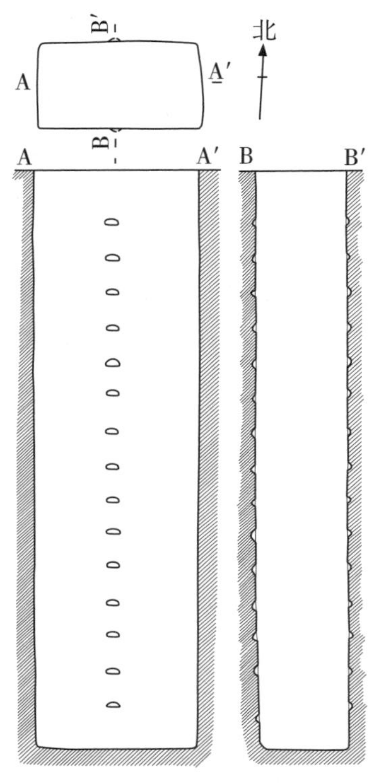

图5-6-5　天马——曲村西周竖井式平、剖面图

例 3 ：Ⅱ式带龛水井，编号 J7119

长方形竖井式，局部被冲刷为椭圆状。南北两井壁有脚窝，另外还有一龛台，位置居于井壁之上部，龛顶距井口约 240 厘米，龛台为弧顶，面积空间均颇大，底面平齐呈椭圆形，进深 145 厘米，高 110 厘米。龛台下仍设脚窝 7 对，龛台上有 6 对。

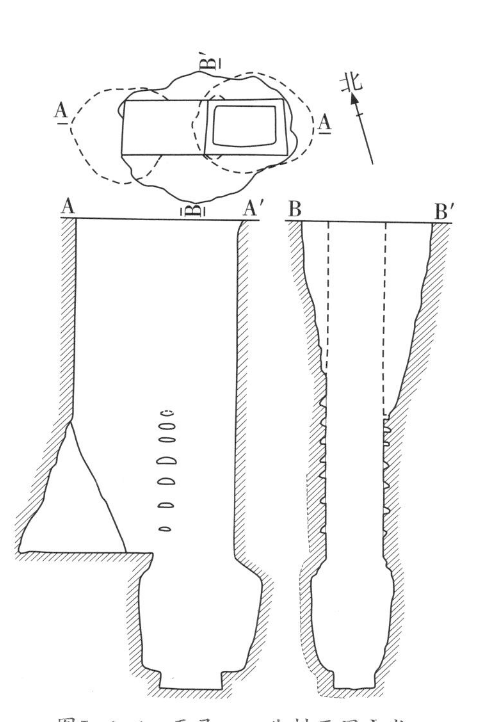

图5-6-6　天马——曲村西周Ⅰ式
带龛水井平、剖面图

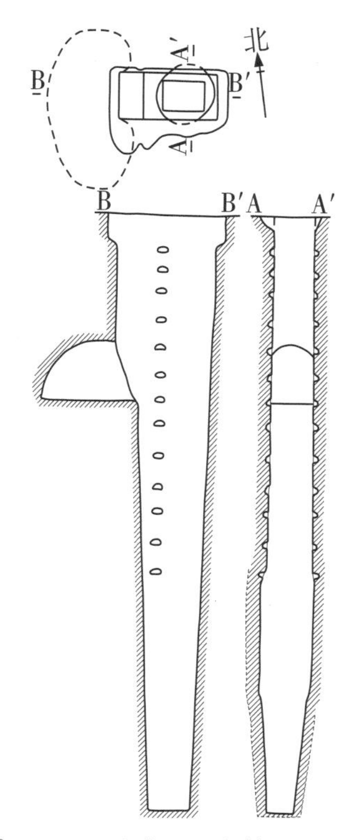

图5-6-7　天马——曲村西周Ⅱ式
带龛水井平、剖面图

五、窖穴

考古遗址中常见一种填满灰土且形式结构有别的土坑建筑遗迹，考古学家们称之为灰坑。这种建筑遗迹是新石器时代农业社会的标志，是社会生产有了一定剩余后，用于秋收冬藏、贮藏物品的窑穴式建筑。

这种建筑的使用在先秦各历史阶段已十分普遍，发掘表明，天马——曲村西周遗址发现的窖穴，不但数量多，而且形式结构有别，据统计，至少有253座，有袋形窖穴、直壁式窖穴和竖井式窖穴等。窖穴形式的不同，大概是由贮藏物的对象不同而决定的，现按形式结构的不同分别加以介绍。

1. 袋形窖穴

例1：编号1H101

窖口和窖底均为圆形，口径70～73厘米，底径320～356厘米，深220厘米。穴口的尺度与底径的尺度相差极为悬殊，是袋形窖穴较明显的一例。特征是口小底大，坑壁斜直光平，体量大，颇有容积，是典型的贮藏窖穴。

例 2：编号 1H125

窖穴口和底部皆为圆形，口径 200 厘米，底径 330 ~ 335 厘米，深 100 厘米。口沿整齐，底部平整，周壁斜直。

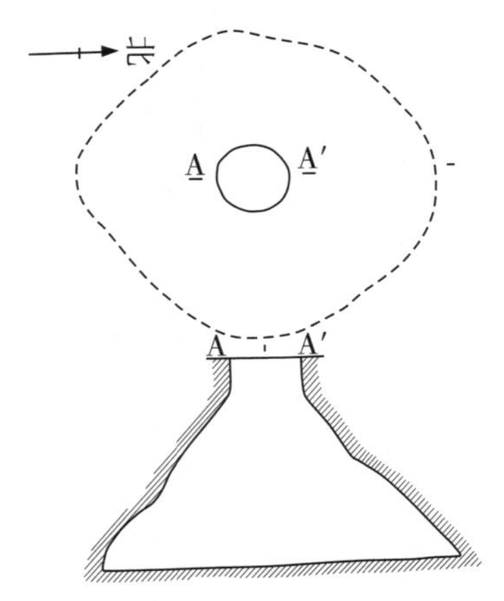

图5-6-8 天马——曲村西周袋形窖穴1H101平、剖面图

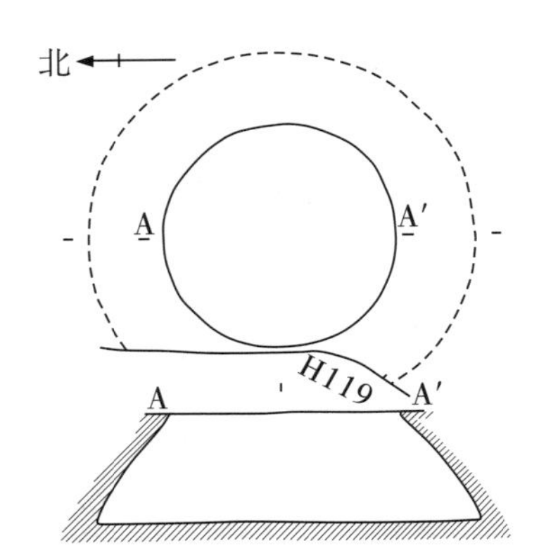

图5-6-9 天马——曲村西周袋形窖穴1H125平、剖面图

2. 直壁式窖穴

例 1：编号 J7H147

口底皆呈圆形，口径 438 ~ 478 厘米，底径 460 ~ 510 厘米，深 295 厘米。周壁平整，面光滑，是加工精细的一座窖穴。

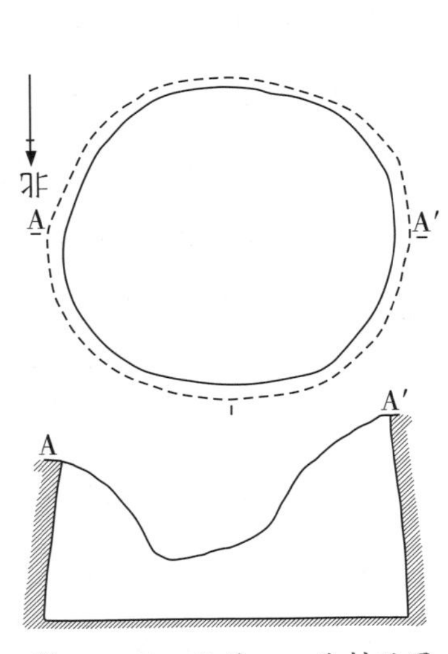

图5-6-10 天马——曲村西周直壁式窖穴J7H147平、剖面图

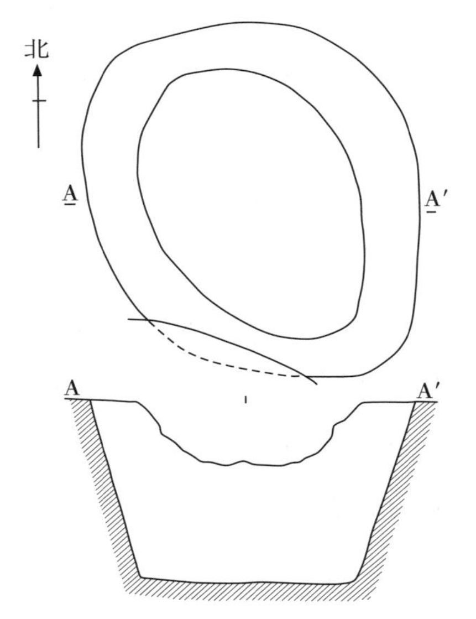

图5-6-11 天马——曲村西周直壁式窖穴ⅢH327平、剖面图

例 2：编号Ⅲ H327

平面椭圆形，口径 310 ~ 430 厘米，底径 208 ~ 320 厘米，深 95 厘米，

坡壁陡，呈口大底小状，面皆平整。

3. 竖井式窖穴

这类窖穴形制似深井，分为有脚窝和无脚窝两种。

例 1：编号Ⅲ H325

平面呈长方形，极似水井，口大底小。口长 145 厘米，宽 80 厘米，深 380 厘米。穴口整齐，四壁由上向下缓缓内收斜直，壁、底皆很平整，显然经过一番精细的修整。

例 2：编号 J7H72

本窖穴除具有竖井和带脚窝的特征外，还在穴壁的上部设置壁龛，底部挖出一洞穴，形制复杂，很有特色。

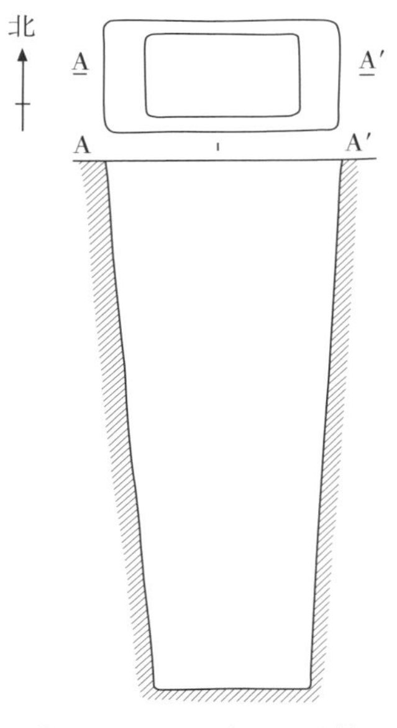

图5-6-12　天马——曲村西周竖井窖穴平、剖面图

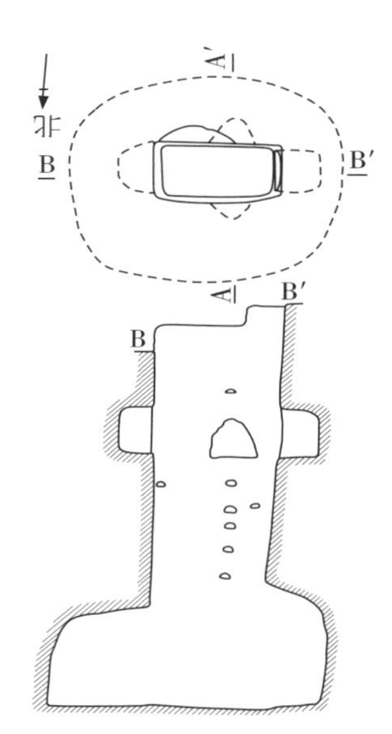

图5-6-13　天马——曲村西周带脚窝窖穴平、剖面图

形式与尺度：穴口呈长方形，长 210 厘米，宽 115 厘米，自口至底为 776 厘米。

形制结构的特征：从穴口向下之四壁平整，在深约 2 米处，挖掘出两两对称的 4 个壁龛，各龛大小为：

东龛，底部口宽 95 厘米，高 88 厘米，进深 54 厘米。

西龛，底部口宽 76 厘米，高 90 厘米，进深 69 厘米。

南龛，底部口宽 74 厘米，高 72 厘米，进深 49 厘米。

北龛，底部口宽 66 厘米，高 72 厘米，进深 49 厘米。

脚窝 6 对，最上面的脚窝距穴口 160 厘米，最下的脚窝距穴口为

517 厘米，脚窝间距 20～42 厘米，各脚窝大小相似，一般宽 16 厘米、高 11 厘米、深 9 厘米。穴深 528 厘米处，穴壁内收，并扩展挖掘出一处略呈窖洞式的洞穴，直径 388～446 厘米，形制为穴中穴。

根据有关历史文献和自身的形制特征，天马——曲村遗址中发掘出土的这批窖穴的用途大致有以下三种：

第一种袋形窖穴，应该是当时人们贮藏食物或块根植物的窖藏建筑，犹似今日农村的菜窖。

第二种直壁窖穴，应当是饲养家禽家畜的场所，《诗经 · 大雅 · 公刘》云："既登乃依，乃造其曹，执豕于牢。"《说文解字》云："牢，闲，养牛马圈也。"《周礼 · 地官 · 充人》注："牢，闲也。" 按"牢"之字义，古时为土穴，故有此解。

第三种竖井式窖穴，当是西周时期人们贮藏粮食的窖穴，特别是上述所举竖井带脚窝者的第二例，从该窖穴的底部设置"穴中穴"的窑洞式结构看，无论形式还是所构筑的空间都具贮藏的功能。除形制结构能反映这一用途外，天马——曲村西周遗址中发现一西周带脚窝的竖井式窖穴，在其底部发现已碳化的一堆谷物也是有力证据。

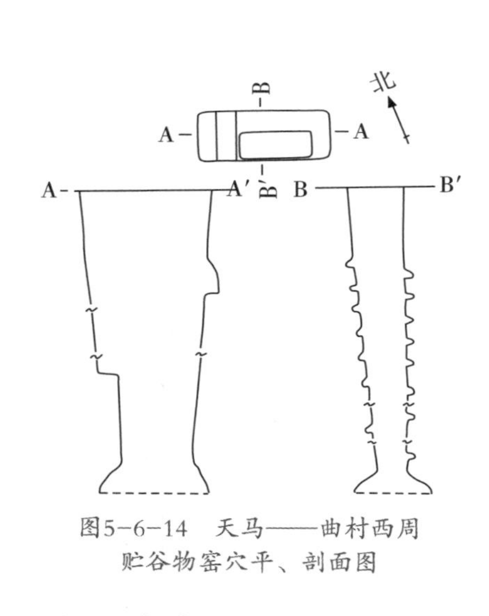

图5-6-14　天马——曲村西周贮谷物窖穴平、剖面图

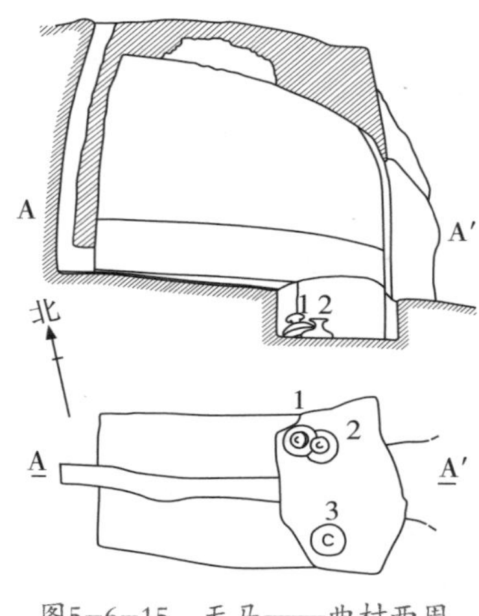

图5-6-15　天马——曲村西周倒焰式窑穴平、剖面图

六、陶窑

天马——曲村西周遗址共发现 8 座陶窑，这里以保存较好的两座为例加以介绍，其形制结构很有时代特征。

例 1：编号 J6Y11

窑址情况：J6Y11 包括两个单元，即窑前操作室（H91 灰坑）和窑室，

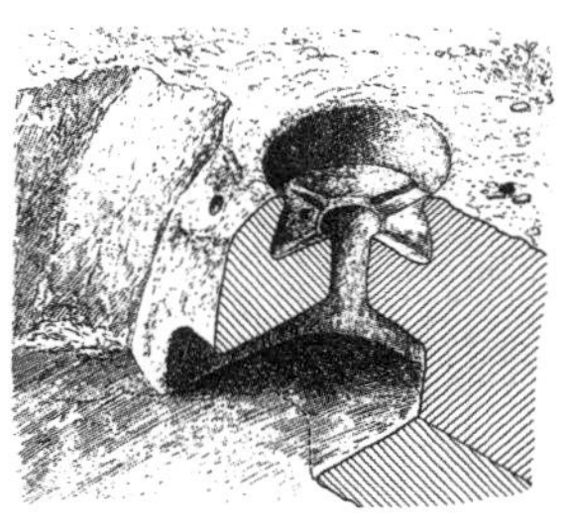

图5-6-16　天马——曲村西周倒焰式陶窑写生与结构解剖示意图

窑门就开在操作室的西壁上，整个窑室通过窑门在 H91 西壁外原生土层中挖成，形成了前有门、后有烟囱的窑洞式居室。

形式与结构：属半倒焰式馒头状窑，窑门位于窑室的东面，方向 110°，门顶近似弧形，上圆下方，宽 44 厘米，高 98 厘米。火门或助燃门是添加燃料、控制火焰唯一的开口，门道两侧壁面已燃成青灰色，十分坚硬。窑室包括火膛、窑床、室壁、烟道四部分。

（1）火膛，位于窑室与窑门之间，有一低于窑门和窑床的不规则长方形竖坑，南北长 96 厘米，东西宽 57 厘米。

（2）窑床，是承陶坯的地方，东西长 89 厘米，南北宽 80 厘米。火膛与窑箅结合在一起为窑室的窑底，东西总长 146 厘米。

（3）窑壁，形式若一顶头盔，笼罩窑床和火膛，包括四壁和窑顶。

西壁：即窑室后壁，自底至顶高 123 厘米。

侧壁：南北两侧壁形状大体一致，上部与顶相接，后高前低，在与东壁相接处呈圆角，转而向下，犹如两条抛物线由西向东平行滑落。

东壁：被窑门分为南北两半，下与火膛竖直相接，上与窑顶弧形相连。南半部宽约 32 厘米，北半部宽约 28 厘米。

窑顶：笼盖周壁，从里面看，前低后高，纵剖面呈抛物线状。窑门门顶是窑顶的最低处，后壁顶端是最高处。

（4）烟道：位于西壁正中，系在中部从上而下挖一道宽约 12 厘米，深约 20 厘米的沟槽，上端靠近沟槽底的 10 厘米处再向上为通往窑外（地表）的方筒形烟道口。烟道下口宽 12 厘米，高 15 厘米，与窑床上的火道相连，上口约 10 厘米。

例 2：编号 J6Y16

该窑为在不高的断崖处挖制而成，构筑简陋。

形式与结构：J6Y16 的窑室位于火膛之上，属于升焰式陶窑，由火门、火膛、火道和窑室组成。

（1）火门，位于火膛东口，系用红烧土块垒成，并将火膛口围拢，高 20 厘米，残宽 35 厘米，方向 81° 。门前有踩踏硬土面，呈斜坡状，与火膛相连。

（2）火膛，火膛口与火门相接，膛底呈 15° 。外高内低，顶壁微弧，横断面近于半圆。火膛水平进深 68 厘米，高 25 ~ 30 厘米，宽 70 厘米。

（3）火道，分主火道和附火道。主火道位于窑床的正中，呈圆筒状，与火膛相连，上口直径 18 厘米，下部直径 15 厘米，上口在窑床上又呈十字形分出 4 条火道，其中，东、西两条较宽，且伸至室壁，宽 9 ~ 10 厘米，深约 5 厘米；南、北两条窄浅而且短，未伸至室壁，底部呈斜坡状，宽 6 厘米，长 10 厘米。附火道上口位于窑床两条短的附火道之间，其下向东倾斜，与火膛相通，又与窑床形成 67° 的夹角，直径 6 厘米。

（4）窑室，底部为窑床，窑床厚约 25 厘米，窑室周壁残高 29 厘米，由下往上呈弧形向内收拢。

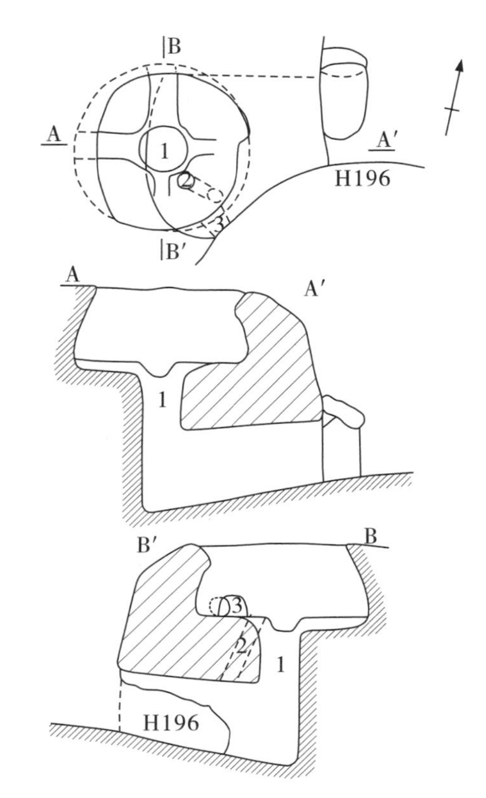

图5-6-17 天马——曲村西周升焰式陶窑平、剖面图

七、建筑对文学的意义

中国古文字的起源和发展演变，可以说是黄河流域石器时代人类生产、生活活动的写照，其中一部分在建筑中可以找到原型，对文字的创造起到了积极的作用，水井就是明显的一例。

前文我们描述了先秦时期夏、商、周三代建筑中的水井和竖井式窖穴，在掘地营造时，为了便于上下，常在壁井的两侧掘出脚窝，这些脚窝的形象与结构，就是古文学中的“百”字，即后来汉字中“阝”字造字的初型。这一形式与结构在东周时期仍保存着，例如，今山西晋南侯马乔村战国墓地出

图5-6-18 侯马乔村东周“降亭”陶文拓片

土的陶罐上戳记“降亭”的陶印文[1]，便是其证。

现已查明晋国都城故绛之“绛”原本为“降”。《说文解字》中解释“绛”字是用来形容颜色的，如大红、大赤、朱红之类，一般是形容织物的。若据其本义而言，则“降”作为地名是更为合理，而前面“降亭”陶文的发现，可谓“绛”应是“降”之误，这是明确不移之证。

[1] 山西省考古研究所．侯马乔村墓地［M］．北京：科学出版社，2004.

第七节　东周时期的建筑

东周是我国社会进步、生产发达，在文化上百花齐放、百家争鸣的伟大变革时期，反映在建筑上主要有两个方面：一是由于社会经济的发展和文化昌盛，使中国古代城市建筑形成了一定的布局和规划；二是这一历史时期木构建筑的构架空间和构件,已由以往的“筚门圭窦”“木骨泥圩”的构架发展为纯大木构筑阶级。

据《左传·庄公二十八年》载：“凡邑，有宗庙先君之主曰都，无曰邑。”周代礼制规定了都和邑的建设制度和规格，晋国新田城市与各种手工业作坊，特别是与铸币作坊共存，就是明显的例证。

商品经济的发展推动了建筑业的发展，主要反映在为适应商品之需出现的木构斗栱建筑构件上，为后来独具中国特色的斗栱建筑的发展奠定了基础。

这里将东周建筑分为春秋、战国两段分别叙述。

一、春秋时期的建筑

就目前考古发现而言，春秋时期的城市建筑及其木构建筑遗存，规模较大、遗迹种类较多、遗物数量众多者，有山西侯马晋国新田遗址等。

（一）侯马晋国都城遗址

侯马晋国新田遗址的发现，自 1956 年到现在已历经半个多世纪。据发掘证实，它是晋都考古的重要文化因素，主要体现在下列几个方面：

首先，新田的地理形势。

据《左传·成公六年》载："晋人谋去故绛，诸大夫皆曰：'必居郇瑕之地，沃饶而近盐，国利君乐，不可失也。'韩献子将新中军，且为仆大夫。公揖而入，献子从，公立于寝庭，谓献子曰：'如何？'对曰：'不可。'郇瑕氏土薄水浅，其恶易觏，易觏则民愁，民愁则垫隘，于是乎有沉溺重膇之疾，不如新田，土厚水深，居之不疾，有汾、浍以流其恶，且民从教，十世之利也。"文已言明晋都新田"土厚水深"，两千多年后，这里依然无多大变化，为温带大陆季风气候，四季分明，夏季多雨，冬季较为干燥，又地处汾、浍之间黄土覆盖的河谷盆地，地理条件优越，是古代建都的理想之地。

其次，新田为"左祖右社，面朝后市"的布局。

《左传》曰："国之大事，在祀与戎。"所以周代礼制规定，凡建都，必设置祭祀场所，《考工记》云："国中九经九纬，经涂九轨，左祖右社，面朝后市。"注云："国中，城内也。""祖，宗庙。""社，社稷祭祀遗址。"按这一布局，验之于考古文化，正与侯马东边有晋国宗庙建筑遗迹，西边具有社址性质的建筑和牛村、平望、台神等八座古城，以及在这些古城南边星罗棋布的铸铜、铸币、制石、制陶等作坊遗址或遗迹相对吻合。

虽然周礼制定了诸侯建国筑城的制度，但在东周"礼崩乐坏""僭越"的形式下，已不像以往那样严格，但其礼制的影子，仍在当时人们设计的理念中。

其三，陵墓的分布。

墓葬规模的大小，往往是判断是否为国君墓的标志，如果天马——曲村遗址北赵的墓地，是晋国早期历代诸侯陵寝之所在，那么新绛县柳泉大型墓地，便是晋国后期历代国君的陵墓。因为在规模上，它面积宏大广阔，墓葬规格高，在大型墓上有标志等级的封土和享堂建筑。此外，随葬器物不但数量多，而且品种丰富，表明柳泉墓地在规格上是高于侯马上马村等墓地的。同时，柳泉墓地依山环水，北临浍河，南靠峨眉岭，地势开阔。墓地长 16 米，宽 14 米，无不证明柳泉墓地，当是晋国国居的陵寝所在。

《左传·僖公三十二年》载："冬，晋文公卒。庚辰，将殡于曲沃，出绛，柩有声如牛。”文中的“殡”，停棺柩待葬也，这是说晋文公重耳死后，从故绛出发，到曲沃待葬，因古曲沃（今闻喜）是重耳先祖公的发迹之地，而闻喜距今新绛、柳泉不远。因此，这就揭示了柳泉墓地的性质和归宿，应当是晋国东周时历代国君陵墓寝地之所在，也就印证了侯马晋国新田遗址是后期都城新绛遗址。

根据以上对侯马晋国遗迹和历史文献的综述，可知各种文化遗存不仅类别多而且完整，这在我国东周列国的考古文化中是罕见的，可以说是东周考古的瑰宝,对重建我国东周史有着重要的意义。与此同时，从历史学的角度去审视中国建筑史，进而了解古代城市建筑，特别是城市规划与格局，无疑有着重要的学术意义。

（二）新绛的城市建筑

研究侯马晋国遗址的性质和属性，有助于了解春秋列国间城市建筑的梗概，兹仅就新绛城市的主体建筑城址及其相关部分，择要者陈述如下。

据考古调查与发掘发现，新绛古城有牛村、平望、台神、白店、呈王、马庄、北坞、凤城八座古城群。古城群中大多以所在自然村命名，唯白店一座可以看出它的由来，明显的是“新田”的谐音，即是千百年来人们读“新田”为“白店”的别读。如果白店古城为原来的晋邑“新田”，那么韩献子曰“不如新田”即是其证，而其他七座，则是在老邑新田城的基础上发展拓建的新邑。

扩展后的新田，按城垣的规模及布局，则是今日侯马自然村的牛村、平望、台神三座连接的城址[1]。据测，这三座长方形的单体城址联合组成的呈“品”字形的古城组，东西长约 2730 米，南北宽约 1746 米，城垣绵长数里，气势巍峨宏大，可想当日的繁荣景象。

这三座连接成的古城组，即为景公迁至的新都，其后，此新都是否复称为“新田”，史无明文，按地名移植惯例，晋人由故绛迁至新田，其名应与故绛相关，当称“新绛”为是。也有史家认为，晋景公迁都新田“亦称新田为绛”[2]，只不过需进一步分析阐明而已。

---

[1] 山西省考古研究所侯马工作组．晋都新田［M］．太原：山西人民出版社，1996.

[2] 杨伯峻．春秋左传注［M］．北京：中华书局，1981.

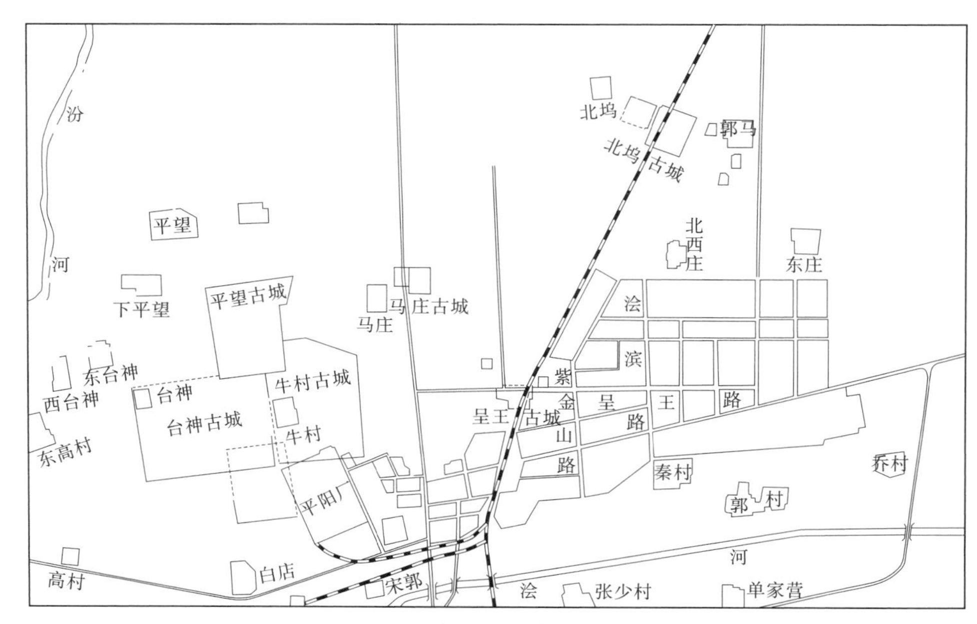

图5-7-1 侯马东周晋国遗址古城群位置图

1. 牛村古城

牛村古城由内外城垣、城内夯土台基、夯土建筑、道路、城门等几部分组成。内外城均呈竖长方形。外城的东北角斜折内收，方向为北偏西 1° 。东城墙全长 139 米，厚 7 ~ 8 米，残高 1.5 ~ 1.6 米；东南城角向北 440 米处有宽 10.5 米的城门，并有东西向的道路通过；北城墙长 955 米，厚 8 米，东部夯土厚 1.2 ~ 1.8 米；南城墙由东南城角向西 460 ~ 469 米和 898 ~ 940 米处，各有一座长 10.5 米，进深 8 ~ 9 米的城门；东、南、北三面的城墙在相距 5 ~ 8 米处，均有一条宽 15 ~ 26 米，深约 4 米的护城壕沟。

内城位于外城的中部偏北处，方向北偏西 6° ，总面积 34.3 万平方米，东、北城墙分别长 665 米和 530 米，厚 4 ~ 6 米，西城墙已残断，南城墙长约 500 米。内城西北部有呈正方形的夯土台基一座，现存仍高达 6.5 米，边长 52.2 米，顶部尚存坍塌的瓦类堆积物，台基周围分布具有规模的夯土基址多处。

此外，牛村城内还发现有五组夯土基址遗坑，其中几处有夯土围墙，形式多为方形或长方形，其性质当是房舍的夯土基址。

牛村古城的城墙皆系夯土分层构筑，层厚约 8 厘米，土质坚硬，墙底有口大底小呈梯形的基槽，夯层由此起筑。其营造的方法，以南城墙西南城的东、西两段为例，东端这段城墙的结构，从平面上看是

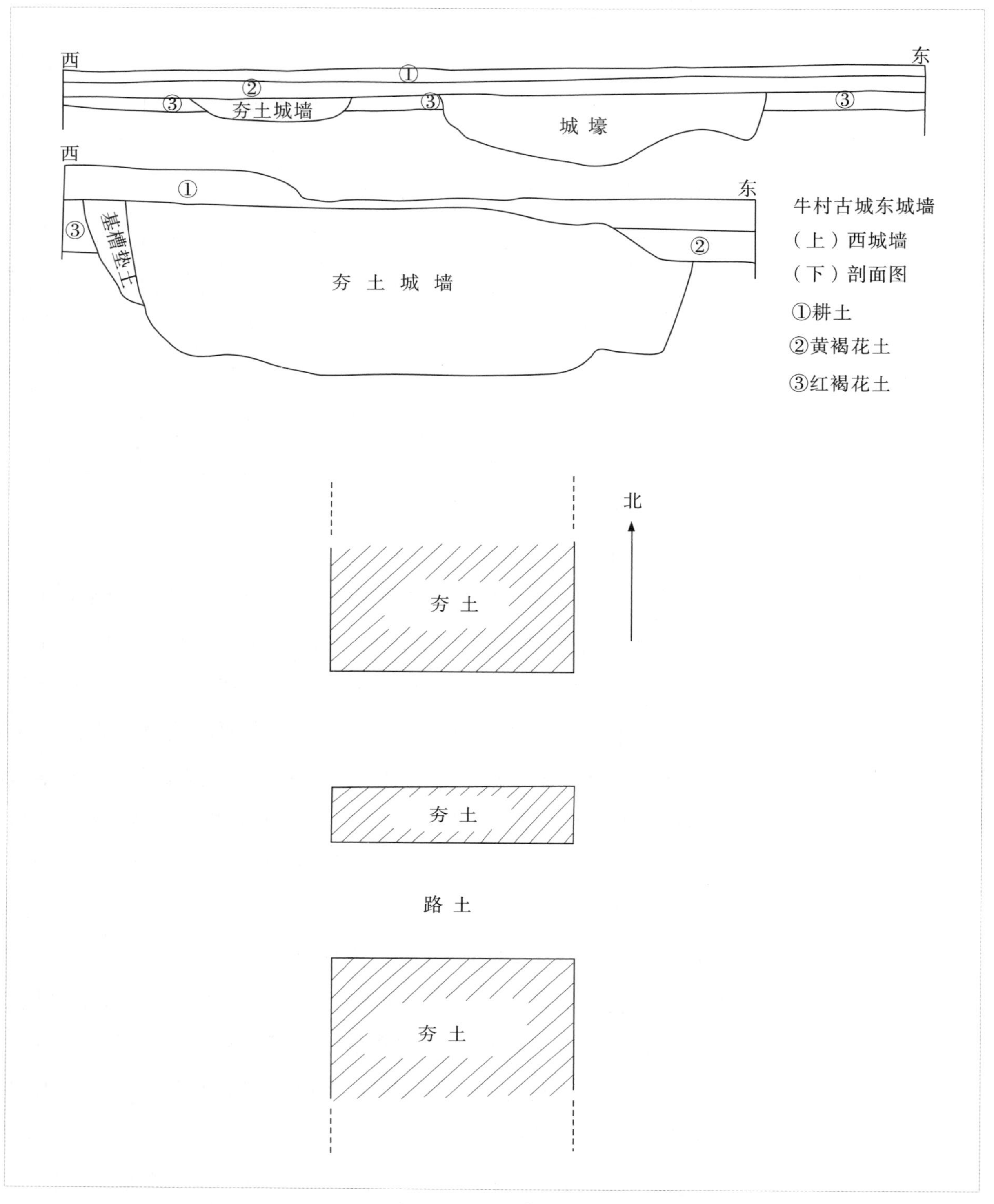

图5-7-2 侯马牛村古城

上. 东、西城墙剖面图

下. 城门示意图

错缝交互分段修筑，有隔缝，南缘距夯面 30 厘米以下发现平列夯杆洞 6 个，直径 15 厘米，洞中土层松软，有朽木痕迹，说明是加杆夯筑的。护城的壕沟，一般离城墙的间距也大致相等，在营造上也均作出口宽底窄的梯形沟底，其尺度宽而深邃，表现出很强的防御功能。

牛村古城东城门的构筑，据发掘，在城门的中间有一道 2 米宽的夯土墙把城门分为南北两个各宽 4 米的门洞，过道上的路土厚硬清晰，靠近夯土隔墙还放置石板。同时，在南城墙西南城门的道路上尚保存有多道车辙，车轨间距 1.45 ~ 1.50 米，辙痕宽 15 ~ 25 厘米（这条道路一直使用到汉代）。

牛村古城构筑与设计的独特处理表现在城的东北城角与北墙的衔接上，不是成 90° 的直角，而是构筑成一条斜直交会的城墙。这段斜直城墙的位置与方向，与距该城东北角的马庄相对，故这个斜直墙的功能当与此有关。

在牛村古城内发现有多条道路，其中，在城西北处，有南北向长 250 米，宽 3 ~ 9 米的一条道路，与平望古城东南部的一条道路几乎相连，至平望古城墙东部的缺口处中断，有可能是当时牛村与平望二古城相连的道路。

2. 平望古城

古城的形式亦为竖长方形，方向北偏西 2° 。东城墙构筑奇特，呈凸出曲折状，全长 1340 米，北城墙长 1240 米，南城墙长 860 米，东南角向西 432 ~ 435 米处为城门，城门中间有 0.2 米厚的土层，西城墙长 1286 米，从西南角向北 957 ~ 960 米处设置城门，门内正中 5 厘米的路土下用青石板铺地。四面城的厚度，一般在 5 ~ 6 米。城角共有 6 个，形式呈多弧边直角（即外圆内直），平望古城是古城群中构筑独特的一座，其理念可能出于防卫。

城内遗迹主要包括夯土基址和水坑、水沟和道路。

夯土基址共有 40 多座，其中，东南区的一座规模最大，东南长 63 米，南北宽 33 米；在其南面还有 3 条东西长近 90 米、用围墙围起来的建筑基址。城西南区，有 3 座南北排列的夯土基最为突出，其中，北端的一座为长方形，四壁为夯土墙，东西长 80 米，南北宽 14 米，墙厚 2 米。此外，在这一区尚有不少长宽多在 10 米、呈“回”字形、用围墙围起

图5-7-3　平望古城平面、水池（坑）水沟、道路、夯土基址分布图

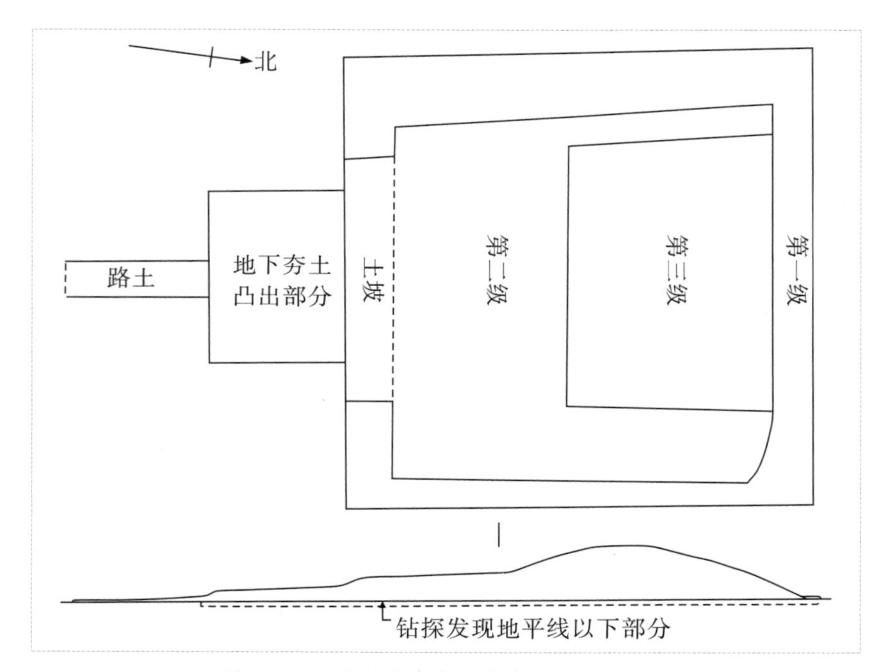

图5-7-4　平望古城夯土台基平面及侧视图

的房基。

古城内排水系的遗迹有水沟、水坑，都设在城内高台的南半部分。水沟东西的两条皆为长方形的、规整的坑沟道，并向西城外排泄。根据其水坑的形制判断，显然是当时台基和众多大型夯土建筑外的水池。

至于平望古城的道路，主要有西南处通往牛村古城的一条和城东北凸出城墙处的一条，与侯马晋国古城群的马庄遥遥相峙。所以，由城内遗迹的布局看，以中部台基为中心，北部遗存稀少，南部遗迹集中密集，有大小和形状不一的夯土建筑基址、整齐排列有序的水池、较直的道路，这种疏朗稠密并存的布局，表明平望古城应当是晋国后期都城新绛的宫城。

3. 台神古城

该城东部与牛村古城并列，东北与平望古城西南角和部分南墙连接，西北为汾河谷地，西北高，东南低，高差 3 ~ 4 米。

台神古城方向为北偏西 11° ，形式为横长方形。结构由城墙、城门、城角、壕沟等几部分组成。南墙长约 1660 米，厚 8 ~ 10 米，西城墙长约 1250 米，厚 8 ~ 13 米，北城墙已被破坏，仅存 1100 米，厚 5 ~ 7 米，东城墙与牛村古城西墙合并。

台神古城的基槽呈仰斗式，槽宽 8.5 米左右。夯层一般为 4 ~ 17 厘米，夯土纯净，夯窝直径 7 厘米。

城壕。由南墙中部约 300 米长的一段观察，壕沟距城墙 14 ~ 16 米，宽 10 ~ 17 米，深 6.3 米，底部都为较深的淤土层。

城门。城西南角向东 330 米处，有宽 28 米的豁口，豁口中有条 10.5 米宽的道路，当是城门的遗迹，两侧夯土呈“凸”字形分布。该城西南角北 70 米处，有宽约 7 米城门豁口，与豁口等宽的中间道路外延 30 米，内伸 150 米。

城内共发现夯土遗迹 7 处。形状有“T”字形、“距”字形、长方形等。其中，最大的一座编号为 1，长度为 120 米，宽 5 ~ 6 米。标号为 3 的夯土遗迹，在西南城东 750 米、西城墙北 100 米，基址由三块夯土组成，最西有一块南北长 4.6 米、东西宽 3.2 米的长方形夯土。向东有一块东西长 25 米、南北宽 5.7 米、厚为 1.2 ~ 2.2 米的长方形大夯土。向北有一块“T”字形夯土，长 14 米，宽 1.7 米。

城外遗迹主要在古城西边，北临汾河有三座并列高于地表的夯土台基，中间的一座最大，两侧的两座较小。中间的一座为圆角长方形，南北长 90 ~ 100 米，东西宽 80 米，现存高度仅 7 米。西侧的一座为横长方形，东西长 30 米，南北宽 20 米，现存高度约 3 米，可分为 2 级。东侧的一座西北角大部分被水冲毁，形式大体与西侧的一座相近。

西城壕沟宽约 8 米，北城壕沟宽为 10 ~ 20 米，向东与平望西城壕沟连接，南城东段挖出一段长 300 米的壕沟，距城 14 ~ 16 米，宽 10 ~ 17 米，最深处为 6.3 米。东墙与牛村古城西墙连接，故没有护城的壕沟设施。

4. 北坞古城

新绛古城群中的北坞古城，位于侯马市北部的北坞村，西南距牛村、平望、台神古城组仅 4 千米，对于研究春秋后期城市建筑形式的发展很有意义。

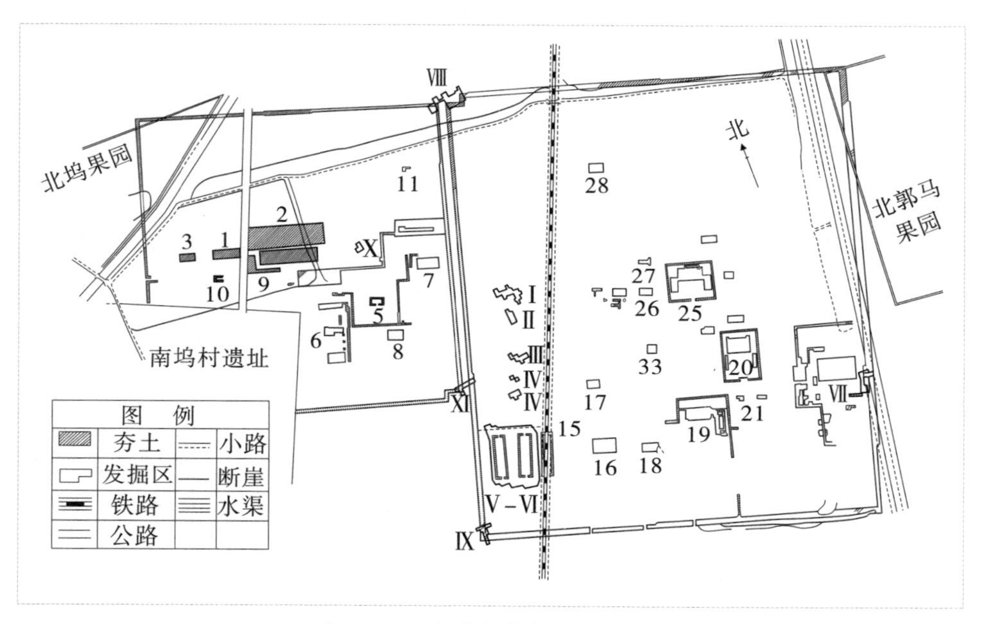

图5-7-5　北坞古城遗址总平面图

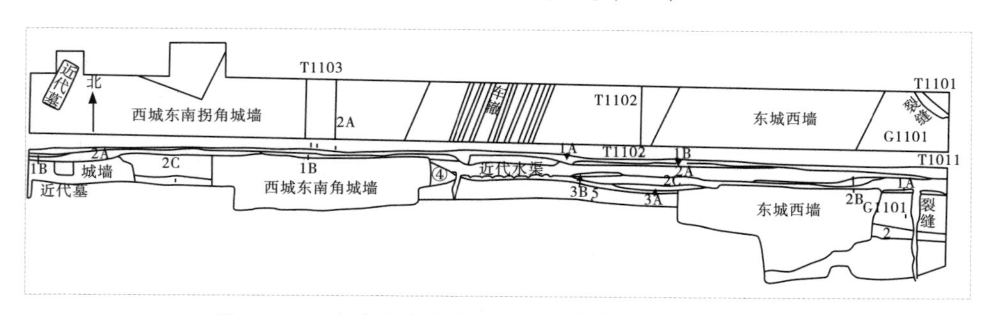

图5-7-6　北坞古城东城西墙、西城东南角城墙解剖图

北坞古城所处的地形地势平坦，北高南低。结构为面积不等的东西二城并列，相距仅隔 8 米。主要建筑有城墙、城门、道路、大型夯土建筑基址、民宅、窑穴、壕沟、水道、水井等。

东城

东城为北坞古城的大城。平面呈长方形，南北长约 570 米，东西宽约 493 米，总面积 28 万多平方米。城西北角呈曲尺状，其余三城城角皆为直角，各墙宽窄不一，窄处 5.5 米，宽处 12 米。残存高度 1～1.5 米。

东城墙全长 570 米，部分残缺，南段有城门基址，墙基宽 6～8 米，厚 1.5～2 米。夯土质纯坚硬。北城墙全长 493 米，与西墙交接的西北城角呈缺角状。该墙除部分破坏外，大都保存尚好，墙体宽 3.5～6.5 米，残高 0.4～0.7 米，墙基宽 6～8.5 米，厚 1.7～2 米。北城墙距东北城角 71～228 米，城基呈 90° 角，向南宽出 2～2.5 米。西城墙全长约 570 米，夯土保存较好，宽约 3.5 米，残高 0.4～0.5 米，墙基宽 5.5～6 米，夯土亦坚硬。南城墙全长约 493 米，夯土保存较好，厚 0.8 米。

共发现三座城门：

南西门位于南城墙的西部，距西南城角约 135 米，门道长约 5 米，宽约 2 米，门道底部都用石块铺垫。门道南口东西两侧各有一个夯筑柱础，相互对应，柱础内埋有石块。紧靠门道北口，东西各有一座平面长方形的夯土基址对应，相距约 1 米，为城门的附属建筑。两座基址大小形状相同，每座南北长约 4 米，东西宽约 2 米，夯土厚约 1 米。

南东门长约 3.5 米，宽约 2 米，门道和北口东西两侧各有两个夯筑柱基相互对应。

南中门长约 6 米，宽约 3 米，门道南北两侧各有 6 个柱洞两两对应，门道外南北两侧有附属的阙形建筑，门道对面和南侧有瓮城式建筑。

西城

西城为北坞古城的小城，位于东城之西，平面近方形，东西长约 372 米，南北长约 382 米，方向 21° 。

东城墙全长 382 米，与南城墙交接的东南角呈缺角状，墙基宽 4～4.5 米，厚 2 米。墙体宽 2.2～2.3 米。

北城墙全长 372 米，墙宽 4～5 米，厚 1.5～2 米。

西城墙残长约 238 米，墙体宽约 2～2.3 米，墙基宽约 5 米。

城门仅勘出西城墙处的一座，位于西城墙中部，北距城西北角约 206 米，门东西向，长 4 米，宽 3 米。城门以东的南北两侧紧靠城墙有一长条形附属建筑物的夯土基址，门的对面同样有一个 2.3 米方形的附属建筑的夯土基址。

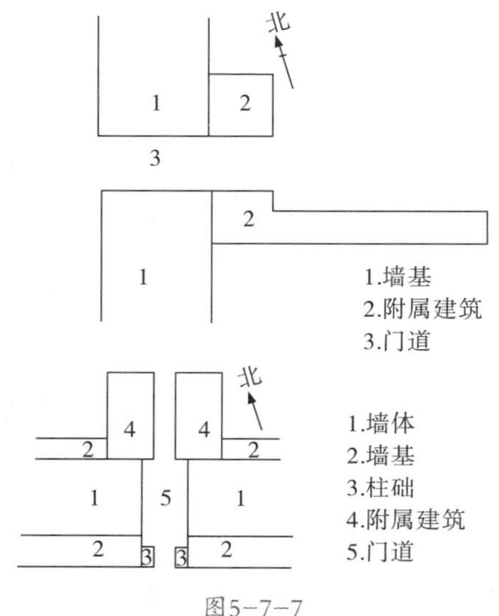

图5-7-7

上. 北坞古城西城城门平面图

下. 北坞古城东城角城门平面图

城内夯土建筑基址

北坞古城的东、西两城内发现数量极多的建筑基址，按布局的不同分为 A、B 两种类型。

A 型：主体建筑为以围墙组成的院，共有 7 座。例如，西城东南部的 F5，由围墙和主体建筑组成。围墙全长 238 米，北部不设围墙，南墙西端垂直，长 44 米，东墙的东南角有一长方形小基址。围墙内的主体建筑平面为长方形，长 15.7，宽 9.5 米，面积约 150 平方米，由内墙基、门道、柱础组成。基址中部东西向有并列 3 个大小相等的圆形柱础，形式别出，结构复杂。

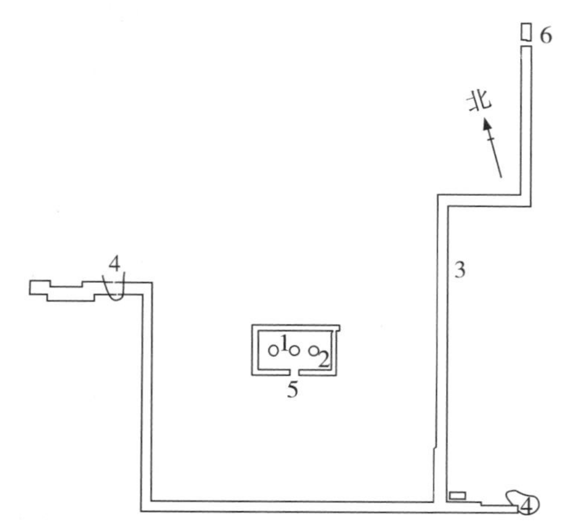

1.主体　2.柱础　3.围墙　4.灰坑　5.门道　6.豁口

图5-7-8　北坞古城西城5号夯土基址平面图

围墙建筑 F25，位于东城的中部。围墙平面呈长方形，东西长 56 米，南北宽 52 米，总长 216 米，占地面积 2912 平方米，体量颇大。南墙中部设置一门，宽 2.4 米，墙基宽 1.16 米，厚 0.6 ~ 0.8 米。主体建筑位于围墙的中央，平面呈倒“凹”字形，由北、西、南三部分夯基面组成，北面为主室，东、西两面为厢房。东西长 49.6 米，南北宽 38 米。主室东西长 31.8 米，南北宽 15.6 米，在主室的北部后面又设置一院落与主室连接，长 16 米，宽 5 米，墙基宽 1.4 米，夯土厚 0.8 米。

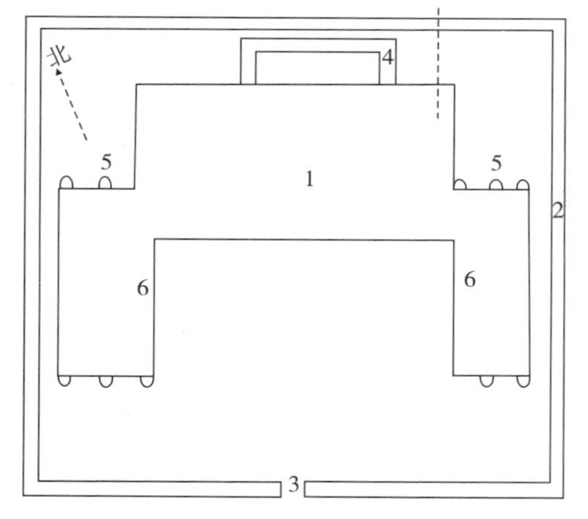

1.主体基址　2.围墙　3.城门　4.隔墙　5.柱础　6.夯土范围

图5-7-9　北坞古城东城25号夯土基址平面图

主室东西两侧的夯土基址相距 31.2 米，平面皆呈长方形，均长 20 米，宽 10 米，夯土厚 1.1 米，北侧有两个半圆形的夯柱基础，形式、结构、尺度皆相同。

该倒“凹”字形周围墙夯土建筑为后世的四合

院建筑形式，从几部分夯基分布形式看，围墙前庭、前堂、后室和东西厢的构成，可谓布局紧凑严谨，说明它是一座典雅高贵的建筑。这类单体的建筑形式和结构，来自这个地方的黄土高原仰韶文化。甘肃大地湾的“大房子”，就是以主室为中心，左右为厢房的形式与结构。

B 型：单体及几座相连的夯土基址，前者共有 19 座，后者共有 6 座。位于东城西南部的 F13、F14、F15 为 3 座长方形东西向并列的，类似府库性质的夯土建筑基址，该基址形制大小相同，长 57.5 米，宽 15.4 米，间距 16.5 米。南北两端辟门，内部置南北向柱础两排，南门外有守卫用房和前廊等附属建筑，外部有围墙。

其他居住址，在北坞古城中心多有发现。F102 形式为浅地穴式，平面略呈圆角方形，四壁略向外呈弧形。东西长 4.5 米，南北宽 3.65 米，面积约 16.5 平方米。门道向西，室内居住面为夯筑而成，其形制结构的简陋与前述呈“四合院”的夯土建筑有着鲜明的对比。

通过对北坞古城的形式结构和城内建筑遗迹分布的了解，以及对诸如大型殿堂基址、官府仓库、单体式围墙夯土房基址、铸铜作坊等遗址离新绛都城不远现象的观察，说明该城是一座多功能的城邑，而非附属于都城的，只具有单一功能的城堡，也反映出它具有“礼”的理念。据《周礼》记载，侯伯七“命”，其国家、宫室车骑衣服礼仪皆以七为节，城方七里，宫方七百步；子分五“命”，城方五里，宫方五百步。对于这些筑城建国的制度，东周虽有僭越和走样，但也有一定的参考价值。文中所说的“子分五命，其城方五里”，按周尺长 19.91 厘米。30 尺为一雉，长 5.97 米，60 雉为一里，长 357.6 米。而北坞古城的西城周长约 1500 米。北坞东城周长约 2100 米。照此推测，北坞古城的拥有者，当是晋国春秋晚期具有权势的卿大夫。这一现象与《左传》载，春秋后期晋公室衰而六卿强的史实是符合的。

（三）祭祀建筑

侯马晋都的祭祀建筑，经发掘出土的有牛村古城外西南处的“社祀”建筑遗迹，外观形式较为清晰。

该遗迹纯系一座夯筑台基。在遗迹的主体建筑前面，有许多牛、羊、马、人的祭坑，且大体排列整齐有序。基于其布局形式和与历史文献记载符合而定其属性，当是晋国的祭祀建筑。

遗迹南北向，与牛村古城的方位一致。形式呈“向”字形。结构由东、西、北三道夯土墙和北边的一条纵向土垣相衔接，并半绕中间一座长方形土台。遗迹整体的尺度为东西宽约 30 米，南北长在 5 米以上（未全部发掘）。土垣现存宽度一般为 3 ~ 5 米。台子位于遗迹北半部的东、西二垣间，形式呈长方形，东西长约 15 米，南北宽约 10 米，与三面夯筑土垣间隔平齐，与东边相距 1.2 米，与西边相距 1.7 米。

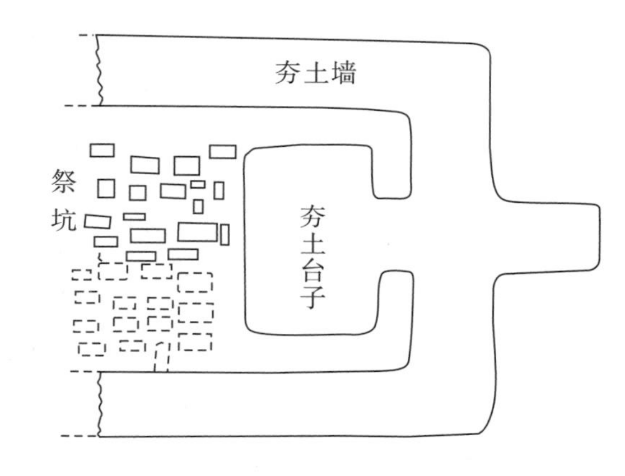

图5-7-10　社祀夯土建筑遗迹平面及祭祀坑分布示意图
（虚线表示未发掘的夯土墙及祭祀坑）

从土垣和中间台基夯面看，它们建造得平坦齐整，土质夯筑细微坚硬。土垣和台子夯面上皆无立柱的柱洞或础痕，也无任何房屋上部构件的瓦类或梁枋等建筑的堆积物。仅在遗迹两垣间和中心台子的南面空隙地面上，分布许多排列大致有序的，埋有马、牛、羊和人的祭祀坑。

（四）陶器仿木构斗栱建筑刻纹

东周时期的房屋建筑，据历史和考古资料可知，其建筑形式主要表现在社会的阶层上。一方面是社会高层建筑在承继以往“木骨泥圩”、地穴、半地穴式房子的基础上，地面木构建筑，特别是木构亭榭楼台、屋宇大室逐渐兴起；另一方面，社会底层的“筚门圭窦”地穴式房屋仍普遍存在。山西侯马晋都新田遗址发掘出土的资料，就充分说明了这个事实，在各遗址中不仅发现不少的地穴式房屋，而且发现了一些地面上木构房屋建筑遗存的珍贵资料[1]。

20 世纪 60 年代，考古学者在侯马新田铸铜作坊遗址中，曾在一件陶豆残片上发现刻画有木构亭榭楼台屋宇图像的画面，生动地描绘了春秋时期木

[1]　山西省考古研究所．侯马铸铜遗址［M］。北京：文物出版社，1993.

构屋宇的外观建筑形式，为了解当时木构房屋建筑提供了重要的资料。

图5-7-11 侯马晋国铸铜遗址出土陶器仿木构屋宇斗栱构件刻纹照片

图5-7-12 侯马晋国铸铜遗址出土陶器的仿木构屋宇斗栱构件刻纹线图

此陶豆残片长 11 厘米，宽 6 厘米。画的是举行舞蹈或礼仪仪式的场面。陪衬的画面是一座木构亭榭建筑，有屋顶、地面和角柱。角柱挺拔，柱头上为斗栱构件，斗上还刻画出向下斜垂的栱形，从而构成了一朵仿木斗栱。屋檐向斜下方出挑，檐上和台面的沿边也刻画出瓦或瓦棱的形象。顶部及台基由于画面空间有限未画。亭榭内的布局有两人作对舞状，左侧一人大部分残损，右边的舞人额上有饰物，长裙曳地，背佩短剑，亭右画一株树木。

这幅亭榭屋宇、人物、树木刻图，可惜多残损，仅存局部画面，但它的学术意义很大，真实生动地反映了春秋时期木构建筑的情景和斗栱的起源。

就画技看，画面的题材简朴，章法布局疏朗，笔调线条粗犷，其画技尽管幼稚初级，但内容却摆脱了殷周时期庄严的神秘感，反映出春秋时期社会进步、思想解放，在绘画上有现实主义的写实风格。

在题材上，该画反映的社会现实生活，主要表现在建筑上仿当时木构亭榭屋宇，真切清楚地刻画出一朵柱头铺作斗栱构件的组合形象。重要的是，这朵仿木构斗栱构件的组合，尽管未画出斗与栱的分界画面和细节，但却展现了斗栱构件的空间艺术，扩大了木构构件的使用空间，拓展了承载的面积和加固构件间的相互连接作用，有效地起到了衬托梁枋、承载负荷作用，还增添了仿木构建筑的美观与艺术性。

侯马晋都新田遗址中发现的这一朵柱头铺作斗栱构件刻图，就目前的考古资料看，可以说是中国最早的仿木构斗栱构件，也是我国传统的木构斗栱建筑的雏形。在中国建筑史上有着重大的学术意义。

（五）民居住宅

东周时期的居民住宅，仍以地穴式或半地穴式房屋为主，也有一定数量的夯筑地面建筑，在侯马晋都新田遗址中比比皆是，这里的铸铜作坊遗址中就曾出土多座。

例 1：地穴式建筑遗址 XX Ⅱ T666F5

平面呈瓢状。结构由门道、主室、窑洞式壁龛等几部分组成。居室上口直径 2.4 米，底部直径 2.62 米，略呈袋状。门道有四级台阶，长 1.6 米，宽 0.84 米，残高 1.04 ~ 1.75 米。在东、北壁的壁面上涂抹一层细泥，然后再拍打加固，从而使壁面光滑坚实。北壁有两个窑洞式壁龛，正中一个栱形空间，宽 0.65 米，高 0.88 米，进深 1.62 米，显然是作为贮藏室。另一个壁龛在东北角，平面略呈三角形，宽 0.54 米，进深 0.28 米，龛顶皆规整坚硬。

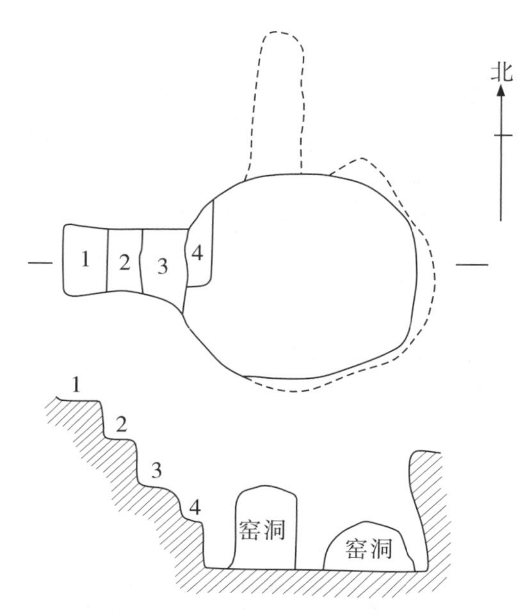

图5-7-13 侯马晋国遗址出土地穴式房基平、剖面图

例 2：半地穴式房子 XX Ⅱ T94F10

平面近似圆形，居室较大，直径达 4.6 米，四壁近于垂直，残高 1.8 米。结构由门道、主室、居住面中间的十字形挖槽工作面坑和洞龛组成。门道呈斜坡状，两侧壁有修补加工痕迹。主室西壁正中向外凸出 0.9 米。底部居住面中间的十字形工作面坑东西长 3 米，深 0.31 ~ 1.3 米，南北长 2.7 米，深 0.2 ~ 0.7 米。坑内残存有铸铜留下的陶范残块、㯃泥、炭屑等遗物。两壁凸出部分挖有洞龛，进深约 1 米，洞内存有粉末。因此，由该房的形制结构及其残留的遗物推测，其房正是当时铸工们的作坊。

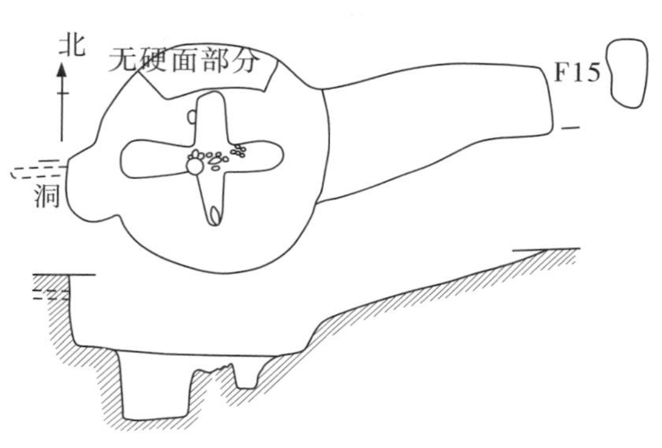

图5-7-14 侯马晋国遗址出土半地穴式房基平、剖面图

房屋建筑的形式与结构，用材和构筑技术，是社会生产力和生产关系进步的标志，东周是中国古代社会由奴隶社会向封建社会的转换时期，不同阶级的人们房屋住宅也有等级的区别，这在住房建筑上表现得尤为明显。侯马晋国遗址发现的建筑实物，

正是当时人们现实生活的生动写照，是考量当时生产力水平的有效形式。

（六）新绛古城组构筑的军事理念

通过对侯马晋国都城建筑的叙述，映入我们脑海的，除了昔日的宏伟和浩大的筑城工程外，还有其出于军事战争的防卫、出击、撤退的理念。

古代的城垣建筑，是拥有者保护人民、财富和权力的防御性大型土木工程设施。城垣的存在意味着战争和掠夺，而在中国春秋战国时期，战事是极其频繁的。《左传·成公十三年》载："国之大事，在祀与戎。"这里的"祀"即祭祀，在晋国遗址中的祭祀遗迹，发掘出土资料载有不下十几处，正是晋人重视祭祀的见证；而其中的"戎"即战争，象征的是侯马晋国都城绵延几千米的城垣载体，是具有军事目的和效能的。牛村东北墙角设计构筑两个，呈东西、西北斜线两角；平望的构筑则呈三角，斜直外凸。这些独特设计，正是晋国军事战术的反映。

此外，俯瞰晋都古城的布局形式，牛村、平望、台神结合组成"品"字形，北坞古城为东西两城并立，这种组合形式，是战国时赵国邯郸故城和韩国郑韩故城建筑形式的先河。

二、战国时期的建筑

公元前 403 年，周威烈王封韩、赵、魏三家为诸侯国，而韩、赵、魏三国在建筑的形式与结构上，也多沿袭晋国的建筑形式和结构，尤其以城市建筑的布局形式最为明显。

（一）韩国

据历史记载，春秋时韩的封邑在平阳（今临汾），后迁移至上党（今长治）、长子一带，再后来，韩景侯都于阳翟（今河南省禹州市）。公元前 375 年，韩兼并了郑国，随即迁都于郑（今河南省新郑市），直到公元前 230 年被秦国所灭，韩在新郑建都 145 年，考古学上称为郑韩故城。

郑韩故城的地理位置，据《水经注·洧水》记载："洧水又东迳新郑县故城中……今洧水自郑城西北入，而东南流，迳郑城之南门内……洧水又东与黄河合。”“黄水又南至郑城北东转，于城之东北与黄沟合。”20 世纪 50 年代及以后的每次考古发掘均证实这一地理位置与春秋战国新郑古城的地望吻合[1]。

郑韩故城依双洎河和黄河两岸附近的地势而建，城址呈不规则的长方形，东西长约 26.5 千米，南北宽约 4.5 千米，周长约 19 千米，中部有一道隔墙将古城分为东西两座，形式与上述侯马晋都东北的北坞古城一致。

西城平面呈长方形，北墙西起双洎河岸，东到竹园村北，长约 2.4 千米，几乎全部保留在今地面上。隔墙北头与北墙东端相接，长约 4.3 千米。西墙和南墙少有保留，间有缺口，疑是城门遗迹。

东城平面呈不规则曲尺形，北墙西起竹园村北，东到边家村西，长约 1.8 千米。东墙与北墙东端相接，南到双龙寨南，长约 5.1 千米。南墙东起双龙寨，西到前端湾村南，长约 2.9 千米，城墙除南部埋于地下外，北墙和东墙大部分仍保留在地面上。

城墙皆原地取土夯筑而成，从现存的部分看，城墙底宽约 40 米，夯层皆厚约 10 厘米，夯窝口径 3 ~ 4 厘米。说明这座古城从春秋到战国曾经过几次加宽和增高。

由于年代久远，已很难找到确切的城门，《诗经·郑风·子衿》言：“挑兮达兮，在城阙兮”，现存 10 米多高的城墙，足以展示此古城昔日的雄伟壮观！

郑韩故城的西城北部为宫殿，有密集的夯土基址群，最大的有 7000 平方米。在这片夯土建筑基址的南部，还发现一座规模较小的长方形遗址，东西长约 500 米，南北宽约 320 米。城墙墙基宽 10 ~ 13 米。台基上发现有含陶井圈的水井和埋在地下的陶制排水管道。据此，可知西城的北部、中部就是当时的宫殿区。

郑韩故城东城的东部有春秋时期的铸铜作坊遗址，面积达 10 平方米，东城北部有制骨作坊遗址，西南部有战国铸铁作坊遗址。通过这些建筑遗存，不难看到昔日韩国都城在原有郑国首都的基础上，进行

---

[1] 杨育彬．河南考古［M］．郑州：中州古籍出版社，1985.

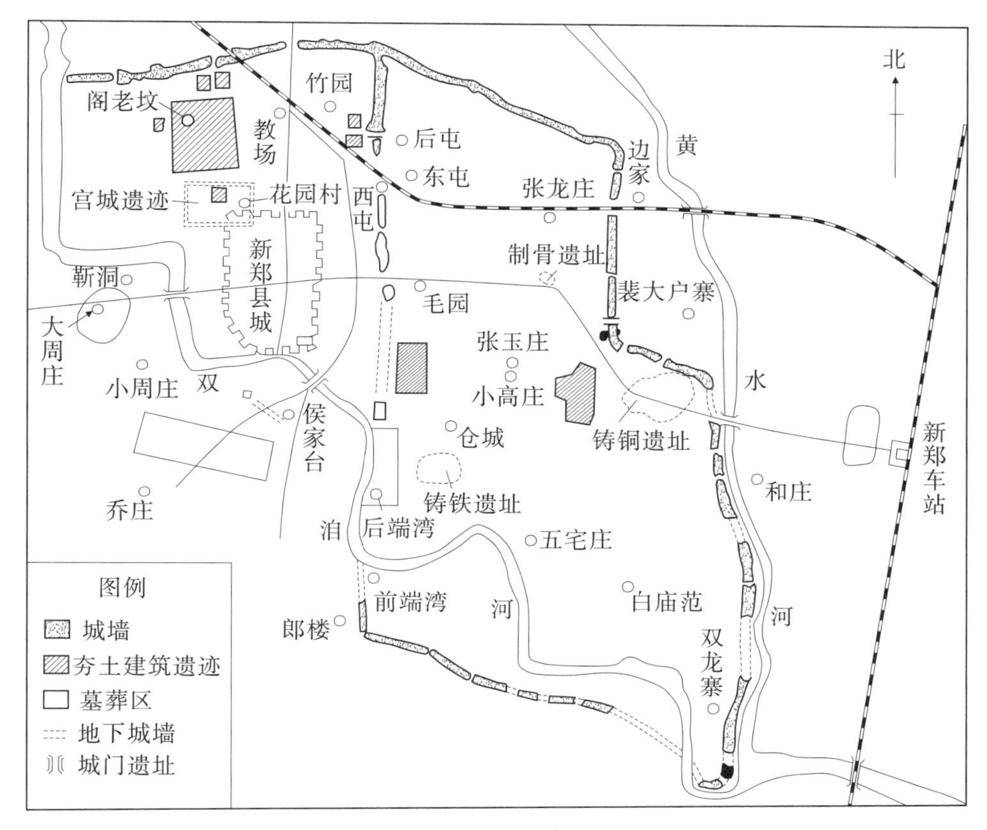

图5-7-15　郑韩故城平面图

了很大的拓展和修复，高墙泽池，门阀巍然，宫室林林总总，手工业炉火熊熊，尽显一派繁华景象。

（二）赵国

赵国最早的都城为晋阳（今太原市西南处），《读史方舆纪要》引《都邑记》："太原旧城，晋并州刺史刘琨筑，高四丈，周二十七里，城中又有三城，一曰大明城，古晋阳城也，左氏谓董安于所筑……"

之后，公元前 425 年，迁都中牟（今河南省鹤壁市）。公元前 386 年，赵敬侯又将都城迁到邯郸。

邯郸故城由东城、西城和北城组成，呈"品"字形，这一组合形式与原宗主国晋国后期都城新田的牛村、平望、台神格局相似。据此可知，其设计同样遵循周礼的"前朝后市"，总面积 505 万平方米。营造方式同夯土构筑，城周围迄今尚保存有残高 3～8 米的夯土城墙。城内发现许多大小不一、形状不同的夯土建筑台基和面积较大的夯土房子，是宫殿的建筑区。其中，最大的龙台遗址犹存，高约 9 米，其昔日的雄伟一望可知。

大城形式属不规则的长方形，东西宽约 3200 米，南北长约 4800 米。城内有铸造、炼铁、制陶等许多手工业作坊遗址。在这里曾出土汉代陶瓷器，有“邯亭”陶文戳记，证实其城就是邯郸旧址。

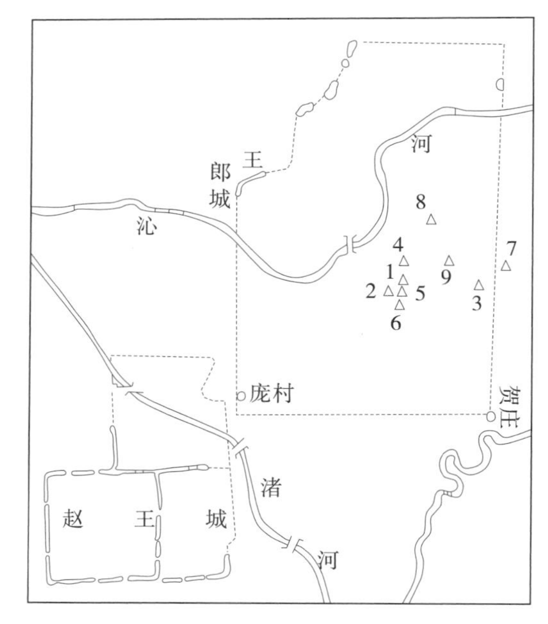

1—3.炼铁遗址　4—7.陶窑遗址
8.石器作坊　9.制骨作坊
图5-7-16　邯郸故城平面图

（三）魏国

魏国最早建都于安邑，后于公元前 361 年迁都大梁。安邑故城在今晋西南夏县西北 7 千米的禹王村。20 世纪 60 年代，经考古调查发掘证实，安邑故城分大城、中城和小城[1]。

从出土的遗物和城墙夯筑营造的特点看，中城在大城内的西南，小城在大城的中央。大城与小城的年代最早，中城则晚于大、小二城。据此，断定大、小二城即是春秋晚期到战国初期的安邑故城和宫城。

大城近乎梯形，北窄南宽，周长约 15.5 千米，规模宏大。从夯筑的土层看，城墙保留至今者，有的段落还有高地面 1～4 米的城墙。西墙处在高岗上，气势巍峨壮观，最高处的地方宽达 8 米，墙厚 10～12 米，墙角处加宽至 12～22 米。南墙中段构筑有折拐处，疑是有意设计的具“马面”作用的瞭望观察点。在夯筑技术上，普遍采用 3 米长的版筑，夯层厚 8～10 厘米，版筑印痕和夯筑的夯窝均十分清晰。城角的构筑为避免直角难以接连，多采用有应力作用的弧形圆角，这是这座古城在施工营造技术上的进步表现。

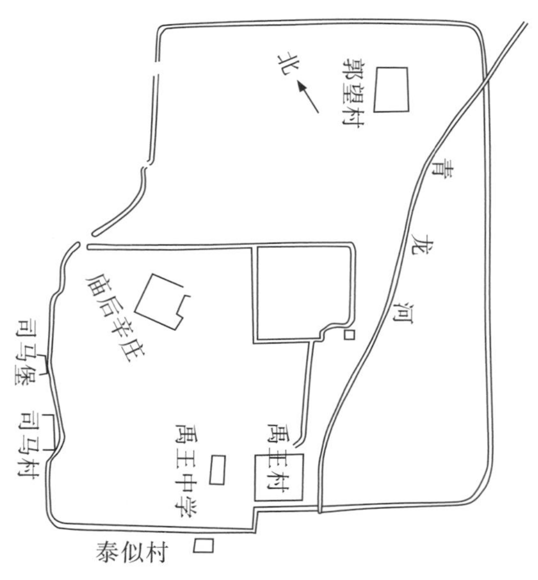

图5-7-17　安邑古城示意图

小城位于大城的中央，当是古城拥有者居住的宫城。其形式与结构，平面呈矩形，南北长 1000 米，

[1]　陶正刚，叶学明．古魏城和禹王古城调查简报［J］．文物，1962（Z）．

东西宽约800米，周长3.6千米，城墙保存好的段落，其高度有1～2米。南墙最高段落为3～4米，中部有一个50米宽的阙口。此外，南墙中段和西墙中段也发现阙口，据其位置和宽度判断，这些阙口疑是宫城城门。夯土的构筑，夯层一般厚5～7厘米，夯窝小而密结。

由于地处黄泛区，因此，考古勘察发展工作很难开展，大梁城址的信息尚无眉目。不过，在魏国管辖地——今河南辉县固围村发现的魏国大墓中，发掘出土了一些建筑遗存，补充了战国中晚期有关木构建筑的信息。

辉县固围村有三座并排合起来呈“回”字形的大墓。1951年，社科院考古研究所对其进行了发掘，其建筑遗存有封土、享堂、石础、台基、石子路和建筑构件中的陶瓦、板瓦、瓦当等，十分丰富[1]。

其中，1号墓上封土建有享堂，建筑形式已毁，仅存上部屋宇的大板瓦、筒瓦、瓦当、三角形瓦筒，以及有关的石础、石子路等遗物。板瓦长度一般是60厘米，宽40.7～43.6厘米，厚1.5厘米，直径15.5厘米，一端有当，谓之瓦当。中腰有孔口，它们的用法，依当地所出汉代陶屋顶及赵国铜鉴图案中刻画的屋宇推测，应是板瓦平叠仰卧。

享堂上设有石基，用小石板铺垫，南北长18.8米，东西宽17.7米，外有散水坡。目前尚存有石基11块，均在同一平面上，由分布情形看，每面6块，四隅础公用，共为20础，每础长、宽在0.4~0.5米间，均在现地面下0.5米左右。

2号墓墓室封土上的享堂建筑的营造、构筑及其构件与1号墓的大致相同。这里只述其与台基相

1.筒瓦　2.板瓦
3.瓦当　4.三角形瓦筒H37
图5-7-18　固围村魏国陶瓦、板瓦、瓦当

[1]　中国科学院考古研究所．辉县发掘报告［M］．北京：科学出版社，1956.

图5-7-19　固围村魏国2号墓地上建筑遗存
上　全景（自东向西望）
中　东石子路（自北向南望）
下　东石子路与第2号墓石子路衔接情形

连的石子路面，其路面覆盖于瓦砾层之下，皆用河卵石错缝铺成，宽约 1.5 米，石子路面石铺大小适中，铺垫整齐，可见昔日享堂木构建筑之讲究。

（四）仿木构亭榭屋宇

青铜器上的刻纹，在考古学上一般称为刻纹铜器或铜刻，是春秋末战国初兴起的刻铜艺术，纹饰的内容多以写实的手法，刻画出人物、鸟兽、屋宇台榭、苑囿、树木和车马等，逼真地将当时社会生活真切生动地展现在铜器上。这里所谓的仿木构建筑的铜器纹饰，就是把当时社会生活中的台榭屋宇建筑刻画在铜器上，展现出它的外观和结构，是了解春秋战国时期木构屋宇外观形式的珍贵资料。

这种刻纹铜器，在考古工作中虽多有发现，但涉及台榭亭楼等木构建筑的，却是非常有限的，图像较清晰的有两件，一件是山西长治分水岭战国墓中出土的一件铜匜上所刻的亭榭屋宇刻纹[1]；另一件刻有屋宇的是河南辉县琉璃阁墓地一号墓出土的铜奁[2]。

据发掘报告称，长治分水岭的这件铜匜的亭榭刻纹已残，仅存“流几”部分，内容除鸟、鱼、树木、亭屋台榭、屋内设案陈尊外，还刻画出主人降阶揖让迎客的生动画面。

这座台榭屋宇，形式结构为四阿重楼，广室高台，皆作四阿式屋顶，飞檐翼角外挑，立柱上斗栱承托梁枋屋架，屋顶上瓦块成行。正脊上有三鸟装饰，鸟做展翅欲飞状，分立于顶脊的正中和两端，屹立对称，是我国目前发现最早的脊饰。

该屋宇图像还展示了中国早期木构建筑中的斗栱构件。自春秋时期发现以来，斗栱构件于战国时期得到了发展，继而普及开来，长治出土的这一仿斗栱构件即是其证。《论语·公冶长》云：“山节藻棁。”朱熹注说：“节柱头斗栱也。”《论语注疏》：“谓刻镂柱头为斗栱形如山也。”《尔雅·释宫》曰：“枳谓之杙……大者谓之栱。”郝懿行《义疏》：“柱上斗栱，可以栱持梁栋，故 < 广韵 > 云：‘枓柱上方木也。’”这一图像正是文字上说的中国早期木构斗栱的形象。

---

[1] 畅文齐．山西长治市分水岭古墓的清理［J］．考古学报，1957（1）．

[2] 郭宝钧．山彪镇与琉璃阁［M］．北京：科学出版社，1959.

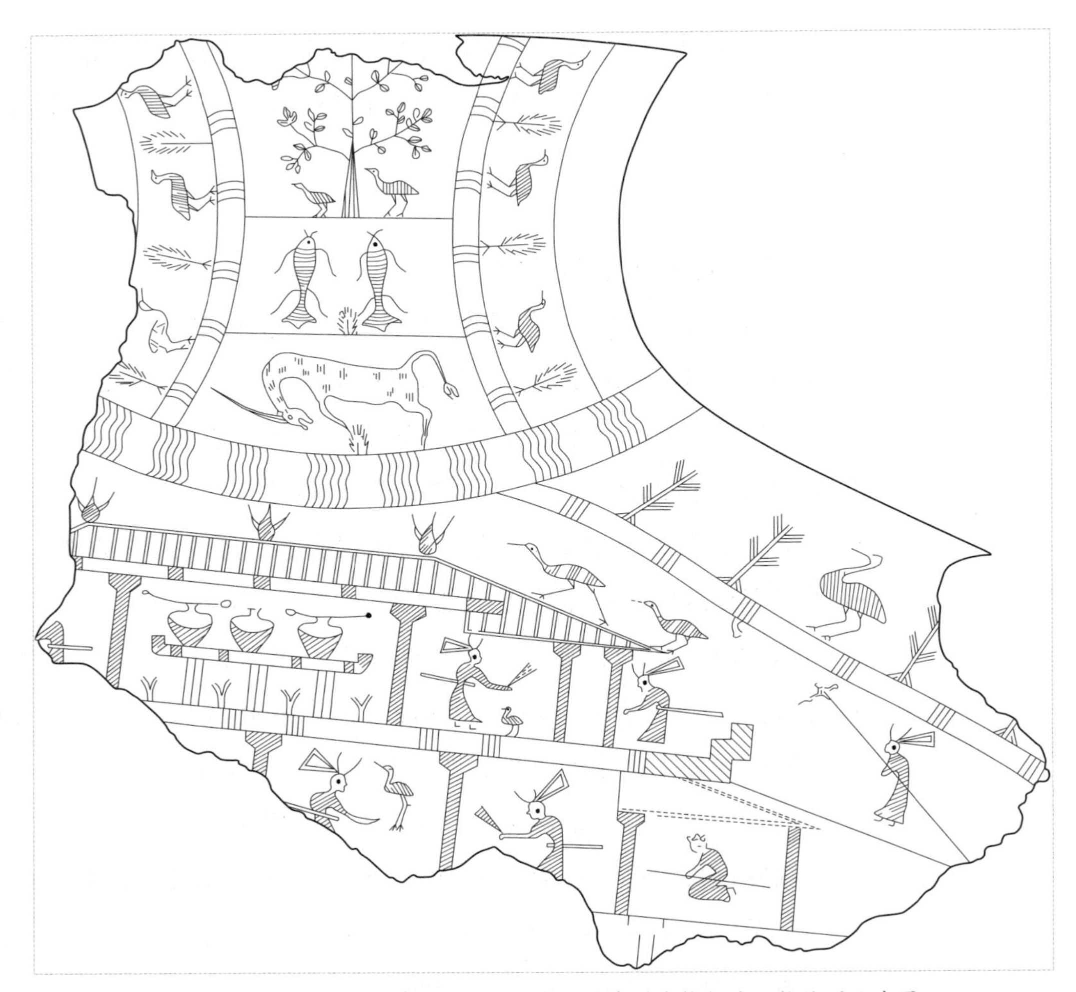

图5-7-20　长治战国墓出土铜器仿木构屋宇（亭榭）斗栱构件刻纹线图

图5-7-21　辉县琉璃阁魏国墓地1号墓出土铜奁

至于琉璃阁出土铜奁上的屋宇刻纹，大部分已残。其画面虽不及长治分水岭，但文化系统同属三晋谱系。所刻屋宇位于铜奁中段，其外形从残存部分看，似面阔三间。立柱上柱头的形制与分水岭铜匜所刻仿木构屋宇的柱头有异曲同工之处。其制作精练，线条工细，对屋宇图像虽保留不多，但尚可看出当时房屋外形之一斑。

可以说，长治分水岭和辉县琉璃阁所出的铜刻仿木台榭屋宇图像，为研究中国古代木构房屋斗栱构件的起源和发展提供了重要的资料。

第八节　从周代建筑看建筑的发展趋势

建筑是中国传统历史文化的一个重要组成部分，我们在前几章以考古学文化为主导，结合有关学科论述了山西从 1 万多年前的旧石器时代到公元前 221 年秦灭六国这段时间的建筑，就空间来说，山西地处黄河流域中段，内容是丰富多彩的，基本上展示了先秦各历史阶段的建筑形式。

一个群体或集体用以保护人民和财富的防御设施是文明的标志之一。正如恩格斯的一句名言："在新的设防城市的周围屹立着高峻的墙壁并非无故，它们的壕沟深陷为氏族制度的墓穴，而它们的城楼已经耸入文明时代了。"而位于山西晋南，距今 5000 年至 4500 年，唐尧时代的宏大城堡，便是如此。我们说华夏文明起河东，其确凿的证据正在这里。

建筑的主要任务是解决人们的居住问题。如果说中国土木建筑的开端，肇始于 15000 年前的山西吉县柿子滩人，为取暖或烧烤食物用"土块圈围"起来的"火池"遗迹，是有意识地将一种物质变成另一种形式，并将其行为的遗迹视为建筑起源的话，那其后人类住宅的发展演变，在新石器时的早期是穴居、半穴居，走向了有一定形式的房屋；到了新石器时代中期和铜石并用时代，房屋的居住面从大部分升至地面，为土木围护结构构筑而成，发展为分室的"大房子"建筑，经历了一个十分漫长的历史过程。

土木结构是中国建筑的本源，中国木构框架结构体系，在新石器时代后期，诸如西安半坡、甘肃秦安大地湾、山西洪洞耿壁仰韶文化等地的“大房子”已初具规模，到了春秋时期，它的上部空间木构框架体系有所发展和变化，在晋国后期都城遗址的铸铜作坊中发现陶器上刻画的仿木构台榭屋宇斗栱的构件，便是一个重要的实物证据，标志着中国原始土木建筑有了新的空间连接结构，具有划时代的意义。

周代以前的建筑，可以说是生态的，它取之于土，是不需要以燃料为代价的资源，取之于木，木则生生不息。土木建筑是可持续发展的建筑，为未来的建筑带来生机。

中国传统建筑是中国文化的窗口，使人们在了解中国过去建筑形式与面貌的同时，也了解了中国的历史文化，使之服务于现实。我们用考古与文物为主导铺垫的这条线索之路才刚刚开始，它将在展现山西古代文明的大道上，结出丰硕之果。

图书在版编目（CIP）数据

山西古建筑营造史. 先秦卷 / 左国保著. — 太原：山西科学技术出版社，2023.10
ISBN 978-7-5377-6217-5

Ⅰ. ①山… Ⅱ. ①左… Ⅲ. ①古建筑—建筑史—山西—先秦时代 Ⅳ. ① TU-092.925

中国版本图书馆 CIP 数据核字（2022）第 198521 号

山西古建筑营造史　先秦卷
SHANXI GUJIANZHU YINGZAO SHI　XIANQIN JUAN

出 版 人　阎文凯
著　　者　左国保
整　　理　何莲荪
责任编辑　张家麟
封面设计　王利锋
版式设计　岳晓甜

出版发行　山西出版传媒集团 · 山西科学技术出版社
　　　　　地址：太原市建设南路 21 号　邮编　030012
编辑部电话　0351-4922063
发行部电话　0351-4922121
经　　销　各地新华书店
印　　刷　山西基因包装印刷科技股份有限公司

开　　本　890mm × 1240mm　1/16
印　　张　12.75
字　　数　196 千字
版　　次　2023 年 10 月第 1 版
印　　次　2023 年 10 月山西第 1 次印刷
书　　号　ISBN 978-7-5377-6217-5
定　　价　130.00 元